LUNSHUO GONGYUAN

论说公园

余树勋 著

中国建筑工业出版社

图书在版编目（CIP）数据

论说公园／余树勋著．—北京：中国建筑工业出版社，2010.9
ISBN 978-7-112-12303-2

Ⅰ．①论…　Ⅱ．①余…　Ⅲ．①公园－园林设计－世界
Ⅳ．①TU986.61

中国版本图书馆CIP数据核字（2010）第143436号

责任编辑：杜　洁
责任设计：张　虹
责任校对：马　赛　王雪竹

论说公园
余树勋　著
*
中国建筑工业出版社出版、发行（北京西郊百万庄）
各地新华书店、建筑书店经销
北京嘉泰利德公司制版
北京中科印刷有限公司印刷
*
开本：787×1092毫米　1/16　印张：$9\frac{1}{2}$　字数：238千字
2011年1月第一版　2011年1月第一次印刷
定价：78.00元
ISBN 978-7-112-12303-2
(19572)

前　言

图 0–1　桃李如旧识，倾花向我开（唐 · 李白）

按分类学来说，人类是灵长类中最聪明能干的。在进化史中无日不与“自然”相生共处，从依靠、适应，到改造、享受，曾经度过了漫长的岁月。自然界的变化有些是人类无法控制的，如寒暑、阴晴、雨雪、干湿的更迭推移，只好从中端详其趣味获得乐意。所以将云雾雨雪、春花秋叶融为诗情画意加以抒发描绘，流传至今犹可使我们阅读之后身心愉悦。“自然”之美仍有不少期待我们去发现、发掘、利用和模仿，要具有诗人、画家的眼、耳、鼻，发挥他们吟绘中的乐趣给广大的游人享受。由平面变为立体，应是园林工作者探索的一途径。

大自然之美并不是只有帝王和富人才能享受，也不是无法人工创造的。法国凡尔赛宫园、北京的圆明园……正是造园工人双手造出来的美景。世界各国现存的许多花园，大多是古老的宫苑、庄园、种植园、私人花园……因时逝人亡而转让捐赠成为公共游览胜地，也因此使我们明白另一个途径，即“美景是可以人造的”。

图 0–2　青枫落叶正堪悲，黄菊残花欲待谁（唐 · 张谓）

简言之，改善我们的生活空间、增加美好的游憩场所，有两条路：一是费心费力去开发我们美丽的山河，像抢着取名“香格里拉”那样的智勇。一是探索自然美的奥秘、潜移自然美的风格、培植自然美的材料，如实地提炼自然美的景观。如东晋简文帝（371 ～ 372 年在位）所谓：“会心处不必在远，翳然林木，便自有濠濮间想也”。人造的自然美，跟真的自然美可以有同样的清纯天然，使人有逍遥物外的感觉，这样的园林正是我们社会主义城市建设中十分需要的空间。

鉴于此，才将多年来搞园林教学和实践中自国内外学习访问得到的观感写出来，并将参观过的部分国外公共园林的面貌和简史整理出来供大家参考，并请批评指正。

目　录

第一章　公园释义

一、古代的所谓“公园”

唐代（公元618–907年）文人李延寿撰写的《北史》，以传记方式记载一些历史故事，其中有一段记北魏（南北朝期间）景穆公十二王传“任城王云传”中有一句“表减公园之地以给无业贫人”的话中出现“公园”二字。已故造园史家陈植老先生认为这是最早的文字发现，但无法细究其内涵，在此说说而已。

实际上，几千年的封建社会中，帝王及高官富豪们的私用园林比比皆是，史书中也点滴流露偶然的兴会，有皇园向民众节日开放的记载：例如汪菊渊撰《中国古代园林史》中（31页）记载“唐代长安城东南隅曲江池和芙蓉园，曾是皇帝专用的小苑，其外苑又是在一定的季节里，官僚贵族和老百姓可以游乐的胜地。”从这一段中推知：①从唐代已有帝王园林向百姓开放成为公共园林（Public Garden）的最早开端，千年前公园的影子出现了。②唐以前秦、汉、隋三朝虽在长安建立多所宫园，未见与民同乐的记载。③这个芙蓉园与曲江池前者称内苑，后者称外苑分为两部分，内苑要经皇帝特许才能进入游乐。所谓节日向百姓开放是指外苑，内外有别古已有之。④古历的节日有中和节（二月初一，后均农历），上巳节（三月初三），中元节（七月十五日），重阳节（九月九日），晦日（每月最后一天）等，每逢这些节日即向百姓开放外苑部分。这就是古代“公园”的雏形。

二、近代的词汇“公园”

（一）东方

如今，向公众开放的园林称为“公园”，简单易懂，已十分常用。但这个词从何而来？探索如下：据记载，鸦片战争前后，约1858年上海黄浦滩英国领事馆前，一块土地上挂起“外滩公园”的牌子，那正是清王朝同治六年的故事。过了半个多世纪至1914年，清朝覆灭后第三年，王朝的社稷坛（祭祀土地及五谷的庙宇）废弃改为“中央公园”（后改为“中山公园”）。这是南北两个大城市上海、北京先后出现“公园”的历史。至于“公园”一词的来源，可考的是日语和英语。1972年日本加岛书店出版的《造园大词典》（名教授上原敬二博士主编）有“公园”一词，注有英文“Public Park”，内容很多，简言之，“在一定范围内有草地、有树林，都市里的男女老少在自由、平等的原则上进行休养、保健、娱乐、休息、游戏、增进身心健康。前昭和时代曾有水户偕乐园，是由当时的白河乐翁管设，亦有时开放含有公园之义。现代的公园已有完善的露地设施，适当的行政管理，恰当的水陆比例，方便的体育设施，在此游览能丰富植物学、建筑学、考古学和遗传学的知识……”由这段名词解释可见上原敬二对公园的设立有许多学自西方的期许和热望。正是由于他旅行过西方的英、法、德等欧洲国家而获得一些启发和指导写在“词典”中了。从而也为传播西方文化到东方来，起到一定的影响。

（二）西方

英文中 Garden 与 Park 二字的含义长久以来混淆不清，加上 Public 均可译成“公园”，各词典的解释也不尽然一致。下面分别举出说明不清的情况：

（1）据韦氏大词典（Webster Dictionary,1972）的解释：“Garden”（常用复数）——指一块公共娱乐的地方，那里种植树木、花卉等，经常放养少数动物，种些植物向游人展出。其中一类是地上栽培有用的草本植物、果树、花卉、蔬菜，而且经常挨近住屋。另一类是指在农村的一片土地很肥沃，精耕细作，丰产而有发展前途的土地。

“Park”在英国指一块封闭的土地范围内，供皇室或贵族狩猎之用（法律上规定称为 Park）。另一类一块地上有牧场、树林、湖沼等，围绕着大型农庄别墅（或住宅）多是私人的种植园，称 park。另一类指：在一块公用土地上有三种情况：

①在城市附近，有步行道、车道、游戏场等，供公共娱乐用。

②在城市内，开放的空间放些座凳。

③大片土地有自然景观，由国家划为公用，在这里进行公共娱乐休息之用。

(以上按韦氏大词典意译)。

（2）美国 1987 年初版《园林词典》（B.H.Morrow：《A Dictionary of Landscape Architecture》)。

“Park”——在一块特殊而令人愉快的土地上自然的或人工造成的有树木、草坪相互穿插，使那里的景色受到赞美，并利用它来消遣娱乐。常常，在西方人的思想中，认为这就是理想中天堂的一角。

“Garden”—— 一块种植或耕作的土地上，经常受面积的限制，接近住屋，种些蔬菜、果树或观赏植物。它的发展往往单纯地为了取乐，多不对外开放。

1991 年英国 John Brookes 出版的《The Book of Garden Design》（花园设计）一书中第一章即名“什么是花园”。他说：“一块土地上由于它浪漫的景色和历史，给予我们不同的影响。那里一定是有它的气候和海拔的地理因素，并通过充满希望的园艺技术处理，当然是在适宜的设计之下使其恰如其分，当时不论有什么社会环境的运动，你游览的最后一瞥，给你留下的印象比实际的景象更宽广一些。这里可以称为是 Garden 了。”

1998 年美国“地理杂志社”，出版了一本《美国的公园》(American's Public Gardens)，其中首篇序言是由造园家 F.H.Cobot 撰写的，他谈到公园(Public Garden）的认同时有两个依据：一是该处确属建立得很好，日常养护和资金来源均很可靠的传统花园。另外是一类新的花园，那里的设计者和建造者都有新的创意，受到游人的喜爱，其中有天才、有敏感性，使人一眼看上去就感到一种典型的美国味儿。

三、结语

以上介绍了东西方对“公园”一词的解释,其中有抽象的和具象的不同说法，拟稍加评议以结束本章。

（一）私园变公园走过了几千年的历史过程，由少数人享受到群众游览；由节日开放到全年开放；由局部可入到自由徜徉。从这个变化的历史可见“公园”一词来之不易。

（二）东西方对公园的解释中都指那里有草坪、树林、陆地和水面。同时也提到“本国的风味儿”“风格”，但是美国自己选择的 300 家可游的公园中竟有 38 个公园中有“日本园”的“舶来品”（占 12.7%)。估计不是建给日本的游人欣赏，而美国人看游日本园，心里是什么滋味？值得细心捉摸！ F.H.Cobot 在序言中说：“公园的创造者（Creater）们造成的公园，看起来应是典型的美国园”，这个期望应不致被别国的典型所占有！

（三）英语国家（如英、美、加拿大等国）向公众开放的公园有半数以上、近三分之二取名用“Garden”,其中包括植物园及花色繁多的专类花园（如月季园、杜鹃园）等植物的天下。至于取名中用 park 的，美国公园中只占 8.6%，不足十分之一，而且前面附加的字均是人名或地名。由这个趋向可知人们爱好植物的情感占绝对优势。可以概括地说：“公园是植物的世界”。委实不错。

至于游人见到植物的形形色色，从而兴起的思绪如何，因人而异无从捉摸，但植物无声地召唤游人的喜爱，远近均应召而至，舟车劳顿，辛勤费资前来，施爱于植物如“踏雪寻梅”“探兰幽谷”的精神确实有之，中外皆然。精神和物质，人与植物的密切关系，公园中的一切都可以鉴证。

第二章　公园的类别

一、　现况

公园的定义世界各国说法不一，统计和分类即比较困难，暂不细论。不过现存的状况每进入一个城市必有所感，如去杭州与去广州就显然不同了，为此先将公园分分类。

（一）收费公园与不收费公园

公园该不该收费的问题在国外早有争辩，拙作《园林设计心理学初探》一书中提过："人类的'动机'有一种亲自'体验'的乐趣、经验和记忆。正好商业上提供体验的平台。许多人为了情绪上的体验而愿意交费来体验，公园收门票即是一例。""整个旅游业都是安抚这种'体验'……"这是属于收费公园所持的理由，这一类所占的比重越来越少。英国一些私人花园靠门票养护经营维持花园的美好面貌，政府不加干涉。美国收费公园已很少见。加拿大的公立园林除老年人和残疾人只收半票之外，均收全票。

说到中国，各级政府均很重视城市中自然环境与文化特征的保护，近30年建立了许多公园。基层的园林局、公园局、绿化局之类的单位统管公园，全部属于人民政府。至于收费问题情况也很难确切地表述，只简要地说明几点概况：①收费的公园较占多数，不收费的占少数。②收费的门票价格偏低，公园的收支相差很大，门票的收入只能弥补有限的开支。③收费的部分原因是适当地限制游人的数量以适应公园的面积。④今后公园数量与面积逐渐增加，远景会走向不收费或少收费的途径。

不收费的公园，国外有少数公园内套着许多花园，有的花园收费（尤其正在开花季节），有的局部收费。如纽约中央公园（Central Park）即是如此。一般供休闲的公园多不收费，游人入内的心情十分复杂，甚至引发激动，边游边想国家投资造公园，为平民百姓造福，从而激起一股爱国主义的情怀，不由自主地产生瞬间的喜悦。遇到鸟语花香或溪流细语的诗境，确实感到在斗室中难以享到的乐趣。信步徜徉在不收费的美景中，恍惚间会觉得好像许多宗教中说的"天堂"。这些温馨的步伐正是来自不收费的公园！像走在自己的家里一样自由自在。

图 2–1 公园大多布置成植物的世界（上）
图 2–2 公园里乔木、灌木、草本结合不露土壤（下）

图 2–3 缺水的沙漠才大面积露出土壤——敦煌

（二）公园是植物的天下

公园中植物荟萃，大多布置成植物的世界，只有特意人工造的沙漠园（Desert Garden)，才局部暴露一些沙砾和圆石，此外许多公园都在争奇斗艳，以各种方式显示植物之美，不露土壤。

植物种类（指高等植物）十分庞杂，用途广泛，是人类文明文化进步的标志。衣食住行，休闲娱乐，无时能离开植物。为此，公园是传播植物科学知识的极好场所，也是获得植物色香、改善自然环境、休闲愉悦的最佳材料。下面将国内外大量公园利用植物展示的情况，分别介绍：

1. 以植物园（Botanical Garden)、树木园（Arboretum）形式展出植物

在分类学、生态学、地理学的指导下将植物科学地分区种植，将理论结合实物，供理解和验证。其中既有严谨的科学性，也适当考虑景观的美学，使游人兴致勃勃。植物园展览的种类一般极少展出商业上竞争的栽培品种（Cultivar)。在种(Species)的基础上多多益善，英国皇家植物园丘园(Kew)早已超过两万“种”而雄踞世界的前茅。

植物园与树木园在公园中所占的比重一般在英语国家多达四分之一。因此对植物科学的普及立下不少功劳。其实植物园就是公园。

图 2-4　北京植物园（科学院）——水生植物区

图 2-5　美国明尼苏达大学风景树木园大门

图 2–6 英国皇家植物园丘园搜集植物雄踞世界前茅（上）
图 2–7 美国 Lyndale 公园内月季园入口（下）

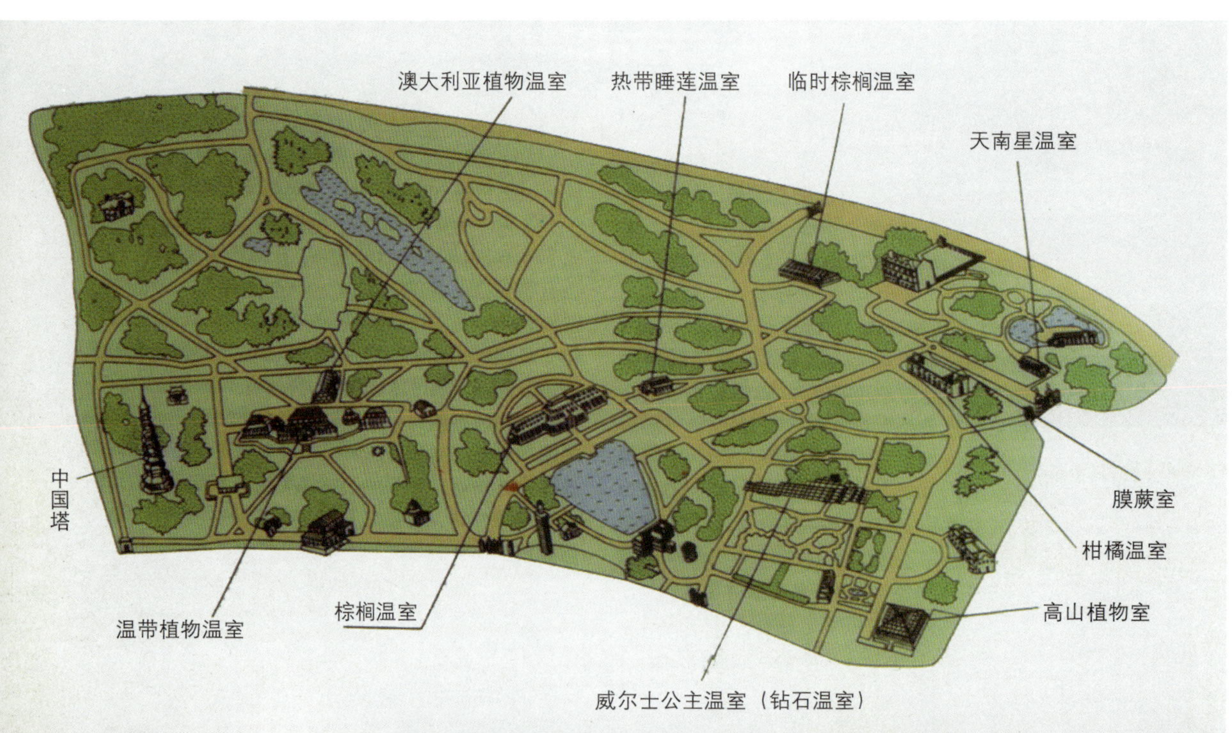

图 2–8　英国 Wisley 花园内月季品种园（上）
图 2–9　月季品种‘和平’（‘Peace’）（左下）
图 2–10　月季品种‘冰山’（‘Iceberg’）（右下）

2．以赏花为主的公园

（1）月季园（又称蔷薇园 Rose Garden）。开花灌木中花期最长、花型花色变化最多的应属月季（称玫瑰是大错），因为属于蔷薇科（Rosaceae）又是这一科中最庞大的蔷薇属（*Rosa*），故又称蔷薇，很多文献妄称玫瑰（*Rosa rugosa*）。玫瑰是一种叶面网脉下凹，叶面较皱，一年只开一次春花的同属植物，糖腌后制作糕饼馅的售花作物，不能混称。月季的品种太多，遗传谱系十分复杂，所以拉丁学名只笼统地称它为“*Rosa hybrida*”（杂种），中文称“现代月季”，很美。它即月季园的主角。

（2）丁香园（Lilac Garden）。在春花中丁香花期排在后面，但花色品种多，既耐寒又有幽香，很受北方公园的欢迎。美、加两国有丁香园的公园约 17 处，其中最大的在美国东北部的佛蒙特州谢尔本城（Vermont，Shelburne）的“博物馆花园”内，种有 90 个变种的丁香 400 株，堪称全美之最。重瓣的白丁香名种“克斯迷尔夫人”（Mme. Casimir Perier）正在这里。每年五月丁香盛开之际举行“诗友会”，共同写出美好的诗歌赞美丁香。

（3）杜鹃花园（Azalea and Rhododendron Garden）。杜鹃花在分类学中均属 *Rhododendron* 属，但西方习惯上将落叶或半常绿的小叶杜鹃花（如中国的映山红 *Rhododendrom simsii*）称 Azalea，常绿大叶的称 *Rhododendron*。这两大类都原产中国，少量产日本，如今已遍及全世界。美洲专门搜集杜鹃属这两大类的 *Azalea* 占 48 个公园，*Rhododendron* 占 39 个公园，其中不少是两种全搜的，所以百分比不好得到。

杜鹃花花序大型，花形花色十分艳丽，但花期与花香比不过月季，较特殊的是喜酸性土与耐半阴的环境胜过月季，比较起来似有不相上下之感。

美国西部华盛顿州费德勒尔韦城（Federal Way），有一个专门展出杜鹃花属内种的植物园，这里在 24 英亩（约 9.7 公顷）土地上搜集了 2000 多个种的两大类杜鹃花，堪称世界上杜鹃花种的搜集最大而全的植物园之一。据称原产中国小到 1 英寸高的杜鹃花到喜马拉雅山上搜来 100 英尺高的杜鹃花这里都能见到。

（4）茶花园（Camellia Garden）。可以生长常绿阔叶植物的地带均可以大胆露地种植茶花。这个山茶属（*Camellia*）的分布主要在东方，潮湿、温暖、土壤酸性的地带，由于饮料中的茶（*C. sinensis*）大面积栽培，更便于参考种植茶花，生态要求近似。

供观赏的茶花（*C. japonica*）由单瓣到重瓣，由白色花到红色花，当中有各种程度的变种和品种已达两千以上，尤其白红之间各种深浅的粉红，夹杂在花的不同部位，形成丰富的变化。种内的变化之外尚有同属的云南山茶（*C. reticulata*）、茶梅（*C. sasanqua*）、冬红山茶（*C. uraku*）等，均可供栽培观赏，

图 2–11　丁香园中主角什锦白丁香（*Syringa chinensis* 'Alba'）（上）
图 2–12　花期最晚的暴马丁香十分耐寒（*Syringa reticulata* var. *mandshurica*）（下）

图 2–13
杜鹃园中百合花杜鹃（*Rhododendron liliiflorum*）

图 2–14　小叶的映山红杜鹃品种很多（*Rhododendron simsii*）

花大而色艳，花期正好接近中国的春节。

美国南卡罗来纳州沿大西洋岸边城市查尔斯顿（Charleston）在1848年即首先露地栽培茶花，如今已搜集900多个山茶和茶梅的变种及品种在“玉兰种植园”（Magnolia Plantation）内。1975年以来500英亩（约202公顷）的野生动植物繁茂生长，更用山茶花修剪成两米高的绿篱迷宫（Maze），欢迎参观游赏。整个北美的公园中，设立茶花搜集园区的共有23处，大部分在美国南部各州和北方少数在温室内展出的茶花园。西部加利福尼亚州的Descanso花园种有60000株400多种与变种的茶花林，十分壮观。但需要高大的栎树为其庇荫。

（5）牡丹园（Peony Garden）。毛茛科中最美的一属是芍药属（*Paeonia*），花大而香，地下部分又可药用，东方已有悠久的栽培历史，种、变种、品种极多。地上部分年年枯死的多年生宿根草本芍药（*P. lactiflora*）与落叶灌木牡丹（*P. suffruticosa*）被西方国家合种在一个园内，取名“Peony Garden”。因牡丹先开，芍药后开，故常译为“牡丹园”。据园艺专家与艺术家的评议，认为牡丹的色、香、姿均高于芍药。但耐寒性不如芍药，其栽培地点受纬度的限制。

北美名园中有近20个公园设专门搜集芍药属植物，知名的如在俄亥俄（Ohio）州的Inniswood植物园，Innis家的两姊妹对育种很有兴趣，育出许多牡丹的新品种。美国北方的明尼苏达州（Minnesota）因冬季低温，只能在观赏树木园（Landscape Arboretum）中栽种芍药200个品种，牡丹只一株，年年要加意埋土防寒。另外同属中有一种细叶芍药（*P. tenuifolia*）叶片多重分裂，纤细可爱，开单瓣红色大花，冬季可以耐 −1°C 的低温，很受游人的喜爱。

（6）海棠园（Crabapple Garden），中外园林中重视海棠由来已久。原因是花色美艳，果实可食可赏，冬季招鸟暖园，耐寒耐旱等，优点很多。尤其其中如海棠花（*Malus spectabilis*）花瓣两色外红、粉红，里白，花蕾期间满树红粉宜人，逐渐开放花色由粉变白，所以唐诗中不少吟咏的诗句：如“著雨胭脂点点消，半开时节最妖娆”（唐 · 何希尧诗《海棠》）。正是恰当的描写。

海棠与苹果同在一个*Malus*属内，由于栽培的目的不同，习惯的流行认为果径在2厘米以上的按食用果树安排，2厘米以下的属观花树木。所以国外的海棠品种市场年年出现新品种，重瓣的也结果实，寒冷的地方如美国明尼苏达州可供观赏的海棠类1980年已达到168个品种，四月下旬“风景树木园”内的海棠盛开，确实使游人如醉如痴，盛况笔难一述。再就是纽约中央公园的海棠行道树红粉白花使人难忘，但英国重视苹果栽培，据2000年的统计，914个*Malus*属的出售名录中，苹果占882个（96%），重瓣只供观赏的英文取“芭蕾舞女演员”（Ballerina）这个专名，在914个同属中只有2个品种（0.2%），可见海棠之美还远未引起英国人的兴趣！北京市植物园2006年已引种了66号海棠，建立起海棠园，欢迎春游赏花。

图 2–15　海棠花园游人如醉如痴

图 2–16　牡丹园在北京开花时要防寒（*Paeonia sufruticosa*）（下左）

图 2–17　牡丹园内白芍药品种（*Paeonia lactiflora* 'Baiyupan'）（下中）

图 2–18　海棠花花瓣里白外红，所以有"半开时节最妖娆"的诗句（*Malus spectabilis*）（下右）

图 2-19　海棠园开花背景乔木十分重要

(7) 其他赏花植物的各种组合

公园的工作者总是想方设法使游人各得其所。植物的世界如此繁杂，以上仅选出几种佼佼者设专类园展出其品种，实际上还有大量的植物有待巧妙地贡献给游人。举例如下：

①按不同开花季节的展出。如春花园的桃、李、杏、樱花，夏花园的合欢、石榴、荷花，秋花园的紫薇、木芙蓉、糯米条、胡颓子，冬花园的腊梅、梅花、山茶花等。这里虽每季各举几例，实现按季分园还有很多种类，但得注意该园所在地的纬度，及各季的温度极限。最好有当地较长期的“物候期”记载是最可靠的依据进行选择。

②按原生长环境不同的展出。如野花园（Wildflower Garden）仿野生花卉的人工栽培，如用紫花地丁（*Viola yedoensis* ‘Majino’）、蒲公英（*Taraxacum mongolicum*）、马齿苋（*Portulaca oleracea*）之类的野花用人力加以扩展繁殖，使游人看不出人为的痕迹，一如自然生长，种在野趣园（Wild Garden）或林边林下非常理想。

图 2–20　春花园中的桃花（*Prunus persica*）

图 2–21　春花园中的樱花（*Prunus serrulata*）

图 2–22　夏花园中的开花乔木合欢（*Albizia julibrissin*）

图 2–23　夏季花色品种多样的玻璃翠（苏丹凤仙）（*Impatiens sultanii*）

图 2–24 深秋开花不断的紫薇（*Lagerstroemia indica*）

图 2–25 早春开花的香荚蒾（*Viburnum dilatatum*）

图 2–26 寒冬开花的腊梅（*Chimonanthus praecox*）

图 2–27 不畏冬寒的梅花（*Prunus mume*）

图 2–28 野花园中点点黄花蛇莓（*Duchesnea indica*）

图 2–29　开蓝色小花的马蔺（*Iris lactea* var. *chinensis*）

图 2–30　白花点地梅（*Androsace incana*）

图 2–31 成片紫花地丁（*Viola* sp.）

图 2–32 花期地面一片金黄垂盆草（*Sedum sarmentosum*）

图 2–33 耐旱野生常夏石竹（*Dianthus plumerius*）

图 2–34　春日黄花遍地的蒲公英（*Taraxacum mongolica*）

图 2–35　夏日匐生紫花的野豌豆（*Vicia* sp.）

图 2–36　粉红色箭叶旋花（*Convolvulus arvensis*）

图 2–37　遍地金黄的匐枝毛茛（*Ranunculus repens*）

图 2–38　仿石林人造假山“宛自天开”

图 2–39　真石边上植物自然配置方显自然（上左）
图 2–40　仿野趣金牛携子散步——广东中山市（上中）
图 2–41　人造假山“宛自天开”——昆明世博园（上右）

图 2–42　沿路边植物略有出入方显野趣

图 2–43　墙外坡地点缀野花最显自然

图 2-44 公园茅亭很朴素有野趣（韩国）

图 2-45 公园内茅舍十分有乡趣朴雅（韩国）

图 2-46　养龟池边缘圆木有野趣——广东中山市

图 2-47　人工种植野菊仿野生布置

如水生湿生植物园（Water Garden），用来布置公园内水面或水位高的湿地（wetland），荷花、睡莲必不可少，还可以配许多水生、湿生的美丽植物，如在浅水中生长开花的溪荪（*Iris sanguinea*），黄花鸢尾（*Iris wilsonii*），在湿泥中生长的鸢尾（*Iris tectorum*），扁竹兰（*Iris confusa*）等，怕冷的沼泽植物马蹄莲属（*Zantedeschia*），花大色美早已迎到温室培养，大量作为切花了。湿地公园的开发林业部门十分重视，正在开发利用中。

如岩生植物园（Rock Garden）、沙生植物园（Desert Garden）在温带的公园中，由于景观独特而受游人的青睐。布置的植物必须选耐干旱的岩生植物（Rock Plants）在烈日缺水的条件下能维持生命，因而形态上独特地储存水分在枝叶中，形成肥厚的茎叶，长出一副温带难得一见的多浆（汁）植物（Succulent Plants）的特别形象，并且大部分能开美丽的花朵。如令箭荷花属（*Nepalxochia*）、蟹爪属（*Schlumbergera*）、仙人掌属（*Opuntia*）、落地生根属（*Kalanchoe*）等都是常用在沙生、岩石缝中生长的开花植物。

图 2–48 叶片硕大无比的王莲（*Victoria amazonia*）

图 2–49　花期长、品种多的睡莲（*Nymphaea*）图为红睡莲（*N. rubra*）

图 2–50　夏季风送荷香花叶并美（*Nelumbo nucifera*）

图 2–51　用途广泛的浅水植物芦苇（*Phragmites*）

图 2–52
英国切尔西花园博览会岩石园一角

图 2-53
英国 Wisley 皇家园艺学会展出岩石园

图 2-54
温暖干旱地区露地生长的仙人掌（*Cactus*）

图 2-55
北方温室内展出多浆植物金琥（*Echinocactus grusorii*）

最后是绿色的赏识：绿色是公园中的基调也是主调。开花前后必须绿叶扶持，花色只短暂地为园景增添笔触，是全年一现的短暂（月季例外）。真正映入眼帘的是丛丛深浅的绿色，正如宋 · 晏殊诗句“高梧叶下秋光晚，珍丛化出黄金盏”。漫步的时空总是要靠绿色的启示。作者在翻阅北美洲的花园（现在已变为公园）文献中，不少是一个树种一片林，如今开放为公园的很多取名“树林园”（Wood Garden）甚至马塞诸塞州有一所公园取名“林中园”（Garden in Woods）。这些纯林有“榆树园”（Rhode Island 的“The Elms”）、“柏树园”（Cypress Garden）、冬青园（Holly Garden）、丛林园（Jungle Garden，即多种乔灌木和草本植物组合的野生林分）。

大片的绿色对园林的贡献很大：①为公园庇荫，供游人寻幽纳凉；②提供喜阴植物的生存环境；③缓和园内光线的对比；④造成四季景观的变化（如春花、夏绿、秋色、冬枯）；⑤引来游人喜爱的鸟类、蝶类，丰富时空的变幻，向游人显示无声的召唤，如诗如画，好处笔难尽述。“公园是植物的天下”并不夸张，绝不是一色黄琉璃瓦的皇家建筑所能替代。毫无变化的形体，建筑师对园林亭台的设计再多的变化也无法追捕大自然变化的灵活和机巧。

图 2–56　日影西斜下的油松林（*Pinus tabulaeformis*）

图 2-57　隽永深绿的冷杉林（*Abies fabri*）

图 2-58　英国丘园最早建立的棕榈室

图 2–59　北京市植物园展览温室

3．扩大植物生存条件的栽培——温室

温带的植物怕冷又怕热，科学与文明的日益发达，人们视听的愿望也在日益扩大，加上交通发达旅游便利，游公园的人群乐见喜闻的内容也日益提高。公园的主角——植物，也应该打开“本地植物”（Native Plants）的框框，供游人开阔眼界。为此对怕冷的植物建设温室培养，公园中称“Conservatory”，含有保护、展出、管理的意思，不称“Greenhouse”了。北美各公园中有展览温室的约占三分之一以上。内容和规模变化多样，难以尽述，基本上可以按需要的温度、湿度、光照达到要求，使内部的植物生长正常，亚热带与热带植物的展出可以不必为难了。相继产生的像英国皇家植物园等专门展出南半球奇形怪状的澳大利亚植物，也很有趣。

相反，怕热的植物自行变态，如仙人掌类将叶子变成刺，用茎部贮存水分维持生命等，在温带的自然条件下也能开出美丽的花朵。英国丘园的新温室分成许多隔间，满足许多特殊要求的植物，生态学在这里逐步发挥它的实效。

图 2–60　美国明尼苏达州 Como 公园的展览温室

图 2–61　厦门植物园展览温室

图 2-62　济南植物园展览温室（上左）
图 2-63　北京展览温室内多浆植物巨人柱（*Carnegia gigantean*）（上右）

图 2-64　韩国首尔大公园（动植物合园）展览温室（下左）
图 2-65　美国芝加哥植物园十栋不同温湿度的展览温室（下中）
图 2-66　美国阿诺尔树木园繁殖温室（下右）

图 2–67　英国丘园近年建成间隔不同生态环境的展览温室

4．展示植物在实用中的作为

人类为什么离不开植物？公园应当给予解答，而且用实物实实在在地告诉游人。

（1）遮荫、挡风的作用。公园中游人热了往树林里钻，冷了要迎着阳光取暖，这本是很自然的行为。因而公园里一定要有树林和阳光充足的坐椅。公园的设计者还可以专辟一区，将各种树木的防护林带种好示范，供大家选择参考。

（2）可食、可用的植物。可吃的蔬菜公园中搜集齐全，建立蔬菜园（Vegetable Garden），家庭妇女十分喜爱。美国马塞诸塞州一个叫“约翰·惠普大屋”（John Whipple House）的公园内，就建立了烹调植物、药用植物、芳香植物等 6 个区，代表 1980 年代当时家庭自给自足的历史。这些草本植物西方人统在一起称“Herb”，成园的合称“百草园”（Herb Garden）。闻名的加利福尼亚州“亨廷顿植物园”（Huntington Botanical Garden）用规整式布置“有用植物区”（Useful Plants Garden），包括药用、食用之外的还有化妆用及染料用的植物，并用 18 世纪德国式的栏杆围起来，十分重视。

图 2–68　有用植物的展出（Herb Garden）

5. 适应人类不同的喜好

按年龄段区分喜好。最明显的是儿童阶段，所以西方许多国家设立了大量的儿童游乐场所，公园入口或接近居住区的一面，大都建立儿童园（Children's Garden）。公园中大部分儿童是父母带去的，在入门时儿童即留在门口的儿童园内，父母得到短期的轻快，一般均有适合各种年龄的游戏器械，有时备专人负责安全守护、出租儿童车入园或临时托管儿童的护士照管等，十分周到地为公园的儿童园服务。至于植物布景注意：①不种有刺植物。②不种果实显露可摘的灌木。如海棠、冬青、大叶黄杨之类。③多种庇荫的落叶大乔木，如杨属、鹅掌楸属等。

妇女园（A Woman's Garden）。这是一类稀见的公园出现在美国得克萨斯州的达拉斯城，以稀为贵。在此简要介绍一下：该园名称用不定冠词 A，漫指任何一位妇女，建于 1997 年，设计者 M. Wheelock，他热爱自然，并相信亲密地接近大自然的结果能体会到深切的人生经验。园内的景观组合的每个"硬件"都经过小心的选择，表现出力量（Strength）与柔美（Softness）的结合。例如丰美的草坪边上大理石的步行小路、路边种满垂着白花的串串藤箩。园内局部

图 2-69　公园中最常见的儿童园

有一块引人沉思的诗园给游人在此享受宁静和甜香的“天堂”。植物种有黄栌（*Cotinus*）、紫荆（*Cercis*）、栾树（*Koelreuteria*）和线叶柳（*Chilopsis*，紫葳科、中国无）。园内的雕塑有一座5米多高吹喇叭的号手和绷紧钢弦的竖琴，风吹作响，这就使园内的气氛由风景美增添了音乐美。这样的园中园取名“妇女园”，其中的玄妙只能默然意会了。

老人园（Oldman Garden）。上了年纪的男女在家中缺乏休息的环境，或是老年人需要活动肢体外出散步，或是寻友解闷等复杂的情况，交织起来去公园的老人相当不少。但公园内为老人专门建园迎候的确比较稀少。冬季老年人排排坐在公园阳光充足的地方，闭目无言享受温暖的阳光，这种场景中外均有。这里提出建造老人园的几点事项：①道路要考虑老人步履维艰，坡度不能超过3%，坐轮椅可以畅通无阻。②坐处要有靠背，老人坐“椅”，背有处可靠，两腿才能得到休息，年青人坐“凳”，无靠背也行。③植物以淡雅、稀疏、无落果伤人的乔灌木为宜。④老人园的位置远离嘈杂的游乐剧场及儿童或体育活动区，力求安静无哗。

图 2–70
风动琴弦似有声，舞弹枝叶亦相鸣

图 2–71
名人名曲伫幽境，名城名园更清聆（昆明）

图 2–72
校园年青人坐凳，公园老年人座椅

（三）公园的其他优美主题

1. 纪念名人

各国均有一些历史上卓越的人值得纪念，还有受许多国家尊崇的人物，成为国际上的名人，而且常久流芳百世受人爱戴。如英国的文学家莎士比亚，在北美洲土地上（美、加两国）就有4个公园设专区纪念莎翁，也有不少植物园展出莎翁作品中提到的植物，见物思人很有意义。中国的孔子也受世界的崇敬，也有可能出现多个孔子园。

美国伊利诺伊州的Evanston城就有一座公园取名“莎士比亚园”(Shakespeare Garden)，是在该城西北大学校园内，其中充满对莎翁的描述，有紫色、蓝色、白色的花代表蓝宝石、珍珠和富足人家的刺绣，学生们在此可以朗诵莎翁的闻名诗作和14行诗，游人无不称赞在此一饱眼福与耳福。

此外纪念林肯总统、纪念孙逸仙（中山先生），纪念在中国多年采集植物的E. 威尔逊（Wilson）等都已建成开放多年的纪念园（Memorial Garden），有雕像，有事迹的歌颂和与他本人有关的植物，相互烘托启发后人，鼓励后人。

图 2–73
厦门孙中山纪念公园

图 2—74　国歌作者聂耳纪念公园（昆明）

2．显示各种造园的风格

造园史中纵向地因时而异的风格变化，常因帝王的喜好而形式迥异，或因地区而异其风趣，发生横向的变化。后人怀念这些历史，在保留的基础上辟为公园者不少。损毁不全，补修还原者有之，因时过境迁全部模仿某代某国的园林也有不少，尤其北美大陆上欧洲移民较多，仿欧的频率较高。

西班牙式花园（Spanish-style Garden）——北美仿西班牙式花园比较熟知的是在南部路易斯安那州新奥尔良市（New Orleans）的 Longue Vue 花园，正是西班牙移民按他心目中保留的印象造起“西班牙庭院”（Spanish Court），在园中 8 英亩的土地上仿西班牙格拉纳达一座喷泉园的形式建造，那里建了一个长方形的水池，池两侧设计 10 对喷头，喷出的水线呈弧形落入池中。池的一端建有一座弧形柱廊，嵌围着一个圆形水池，并与长方形有喷泉的水池息息相通，圆形水池四周放置常换的盆花，使这里有色彩的变化。

这个“庭院”的另一端分成 6 个小区（Room），围着黄杨（*Buxus*）。有的小区摆放盆栽花卉，草花的色彩艳丽，有的小区以水池喷泉的变化吸引游人，总之都是人为的。区间的道路用黑色、褐色的卵石铺装，借此表现西班牙又湿又热的气候。这两组不同的内容使美国游人多少知道一些西班牙的园林风格与形式。

图 2–77 英国老式园林用高篱封闭视线（上）
图 2–78 乔木剪成高篱遮挡视线（下）

图 2–79
在闭锁空间内只能供少数人欣赏

图 2–80
中部低落下沉（英国皇家园艺学会）便于俯视的沉园

图 2-81
中部设规整式水池为英国常见的沉园

实际上，英国本土的新型花园风格与殖民地中存在的老花园，已发生明显的变化。据 John Brookes 的书中提到：第一次世界大战之后流行 18 世纪英国作家 Horace Walpole（1717-1797）的一句名言："越过藩篱看看整个的大自然，那里才是花园"。用这样的思想感情转变了当时的人生哲学，使人们不再把自己看做是雄踞宇宙之上，而是其中的一分子了。推倒高墙一样的绿篱，自然之美随处流露，野花遍地，野草引来几头耕牛啃噬，三五成丛的树木被一些灌木烘托着，读书人在椅凳上静读，儿童们在草地上说笑……这种种自然的图画进入英国式的园林。方的、圆的水池慢慢都改造成了弯曲的池塘或细语的溪流。主妇们不再为花坛里的图案忙来忙去，说是像东方也好，那是去过东方的人才这样说。其实是为了热爱大自然、刻意模仿自然要省去许多工作时间，而且人类来自自然，终归是热爱自然的"本性难移"。所以英国式风格的转变，有人认为一定有"契机"，总会找到这条线索把东方式引到英国来，差不多一个世纪了，答案只有一个就是人们都热爱自然。

图 2-82　推倒高篱露出一派田野的自然（英国）

图 2-83　自然朴素雅静的读书环境——英国牛津大学公园景观

“意大利式花园”（Italian-style Garden）——南欧的气候炎热，多亚热带植物，花色艳丽、花期长，地形多起伏少平原，在文艺复兴的洗礼之下，欧洲中部北部的许多国家，均热心学习南欧意大利的园林风格，这股风一直吹到北欧。

意大利式花园究竟什么样儿？有些能学，有些如地形、植物等自然物很难办。总结几个特色供学意大利式花园时参考：①意式园林在坡地上形成一层层的台地园（Terrace Garden），每层的平地上可以安排一些园景，如水池、花坛等。②建筑物多建在台地的较高层次，便于远眺或俯视。③草坪与花坛组合成各种规则的图案，在平地上重复出现，力求变化中的统一。④园景充满人为的艺术设计，不重视自然美，植物修剪成动物的形象或几何形体，一反常规，远离自然。

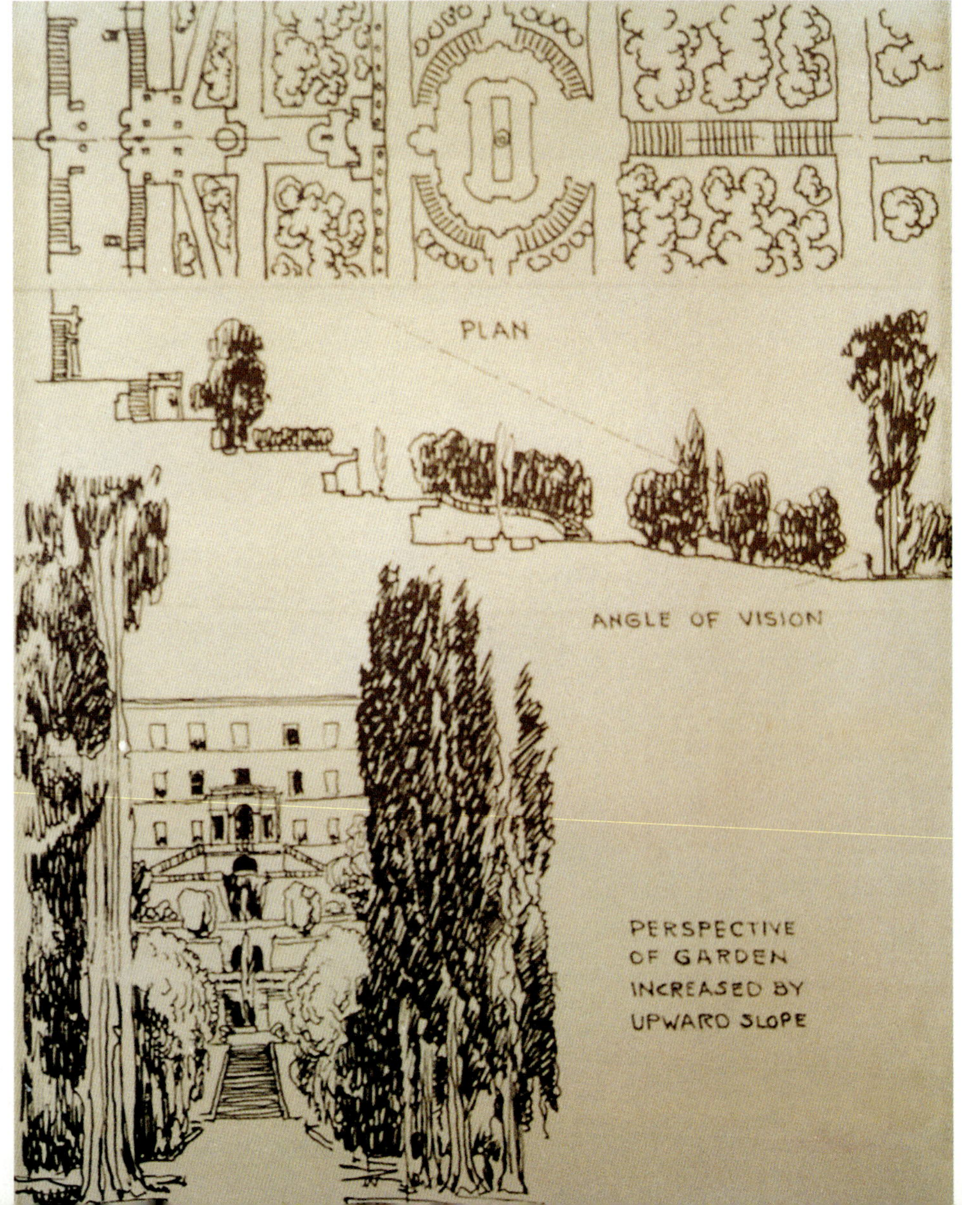

图 2-84
意大利式平台园的平面、侧面、立面示意图

意大利在文艺复兴以后，文学艺术包括园林艺术，受全世界的欢迎，法国平原多，台地园的俯视效果无法实现，一度出现平地上大量的图案花坛，既费工又无味地重复。英国在 19 世纪后期即放弃意式的布景。西方各国如今少量地在教堂院内出现意式的图案花坛也多少以怀旧的心情纪念逝去的园景。

“日本式花园”（Japanese-style Garden）——在东方国家中日本在学习中国的基础上，独创一格成为举世闻名的“日本式花园”。作为一种“行业”已在欧美开设了专门造日本园的公司，按那些实行了多年的造园公式，为欧美人造了许多日本园。人们在日本园内可以见到：①各种形式的石灯笼（古代室外照明用）。②白色砾石或砂石耙成曲折的平行花纹。③大小不同的山石分组（按一定规则）置放在砾石或沙原上。④道路不论曲直多用条石，块石（按规则）铺装供步行。⑤人造瀑布，多用一字形直落。⑥山与水的组合取自然式（Informal Style）。⑦植物多采用矮小多姿的盆景式的乔灌木，高大乔木较少。⑧建筑物较少，木质方形小屋及洗手水钵常设在入口处，供来客洗手休息。其他小桥流水，只象征性有水，游人从中体会其中的意思即可。实际上无水。⑨日本园常独处一角，面积偏小不毗连或视线混淆他园，并多取一美名，如美国明尼苏达州风景树木园内的日本园取名汉字“雾凌园”，颇有中国传统的风味，但美国人也看不懂中文的韵味。这就是日本式商品花园的大要。

图 2–85
英国丘园中日本式园林局部景观

图 2–86　美国溪边公园中日本式园林局部

关于园林风格问题，拟在此议论一番，供选择时参考并免于混杂。据造园家于格·约翰逊（Huge Johnson）的高论认为：

（1）造园采用何种风格，先要考虑一些有文化、有历史渊源的国家，如埃及或中国。

（2）再要对这些国家的自然环境和历史有所了解，如埃及地处沙漠，只能在灌溉条件下造园。而中国在几千年前就在狩猎园中欣赏植物之美了。因此多年来造园风格就形成不同的传统：①规整式（Formal Style）——又名“边缘直线式”、“建筑式”、“整齐式”。②非规整式（Informal Style）——又名“边线流动式”、“自然式”。

（3）这两种传统各走一路：前者由埃及→希腊→罗马→意大利→法国→西方各国。后者由中国→日本（同时入高丽，即朝鲜半岛）→东方各国。

（4）传布的过程中发生两个奇迹。一个是英国突然喜爱东方的自然式，推倒了过去分隔的高篱，看到了大自然之美，而且节约了许多劳动力，流行起英国的自然式，原因和线索摸不透。另一个是园林植物大发展之后，迫使两种风格互相混合的趋势出现了。后者使“风格”的前途造成混乱。但估计终归会回到原来的轨道上来。据老一辈的造园家推想，形成风格的混杂有两方面的客观情况：一是不少园地未经设计即大片种植树木，日久成林。一排排的树木中难免发生缺

图 2—87
规整式风格的园林景观（法国）

图 2—88　自然式风格的园林景观（北京）

株（如病虫害或其他原因死亡），空间发生变化，杂生一些灌木，规整中发生不规整的景观，两种风格混合了。二是成排的列树中偶然发现两行之间有难得的透视夹景（Vista），于是保留了成排的规整式，又学习到毕加索（Picasso）等人的抽象派画作，更使园林设计师大胆地冲击旧风格搞混了过去的“风格”，另辟新径的可能性也很大。实际上风格的形成是时间与空间长久的结晶，是自然地理的地形与气候，加上社会的历史与时尚相互结合而演成一套流行的类型，后人加以观察整理而成一种独特的所谓“风格”。绝不是简单地模仿，而是按一种风格的特征谱写新的篇章，最重要的是摸清风格的“特征”，细节要认真地咀嚼才能走向创新之路，切勿混杂。

3．附设的可游之园

国外许多场所自由出入，主要建筑物或与群众无关的构筑物之外，露天的空地常有葱翠的树木花草相配，景观不亚于公园，是为城市居民的可游之地，值得一述。举例如下：

墓园（Cemetery）。欧美的墓园常与教堂在一起，礼拜日群众谒拜陵墓比较方便，也有单独建在城内或城郊的墓园。前期的墓地大多竖立碑石、基督教的十

图 2–89 韩国帝王陵墓开放为公园

字架，或各种雕塑等，比较零乱。近年的墓园多改用草坪与乔木，每块墓地改为平放铜牌，刻有人名及编号。所以全园只见一片草地、少量大乔木（如垂柳、垂枝桦等）一如公园的景观。在墓园内散步的群众不一定是死者亲朋，墓园可以纳入公共绿地范畴。

少数“修道院花园”(Hermitage Garden)。在欧美基督教国家中常见，其中有不少过隐士生活的人。

“大学校园”(Campus)。许多国内外大学都布置成读书园地，而且自由出入，如北京大学的未名湖，英国牛津大学特别建造了一座“大学公园”，其中草坪、树丛、十分静美，是极佳的读书环境。

“博物馆花园”(Museum Garden)。一个城市各种博物馆的多少，代表着一个城市的文明与文化的水平。博物馆为陈列物品必然有庞大的建筑物，时常馆外即是美丽的花园，供参观者休息并欣赏大自然。美国东北的名城波士顿(Boston)就有“美术博物馆”(Museum of Fine Arts)以展出日本的禅园（Zen Garden）而闻名；“园丁博物馆”(Gardener Museum)以丰富的亚热带植物展出热带景观而在当地备受赞扬。

图 2-90　美国明尼苏达州大学校园如公园

“建筑物附属花园”(House and Garden)。许多建筑物由于存在的历史长久，人的世代变化短于建筑，所以一座建筑的用途与主持人物的变迁都是“笔难尽述”的历史。但建筑附属的花园却在历史中日渐瑰丽，所以不管建筑物的主人或用途如何变化，“花园”常是任人参观的室外空间。

建筑方面有大厦、大塔、画廊、各种展览厅、庄园主住宅、名人故居、科研实验室、茶馆或饭馆等不同的形象或用场。与建筑相呼应的花园应是不可少的游憩场所。不论是种植园（Plantation）还是富豪的庄园（Estate），也都敞开大门欢迎来客游览，现在已是 21 世纪了，大多如此。

4．封建社会留下的公园

举世闻名的法兰西凡尔赛宫园和北京颐和园，是一对同时代、同命运的封建社会留给现代人们的“公园”，可以一并论述。原因是：①同是封建帝王统治的瓦解之前，用大量国家的资财建立豪华享受的宫苑，导致王朝的崩溃。法王路易·菲利浦（1773−1850）重修凡尔赛宫，与乾隆皇帝（1711−1799）兴建清漪园，使国势转盛为衰，颇相类似。②大革命的兴起，法国共和制的开端，路易王朝的倾覆，与中国满清帝制的结束相差不足 30 年，与大兴土木建造宫苑联系起来思考，这并非巧合而是时代潮流的怒吼，我们胜利了。

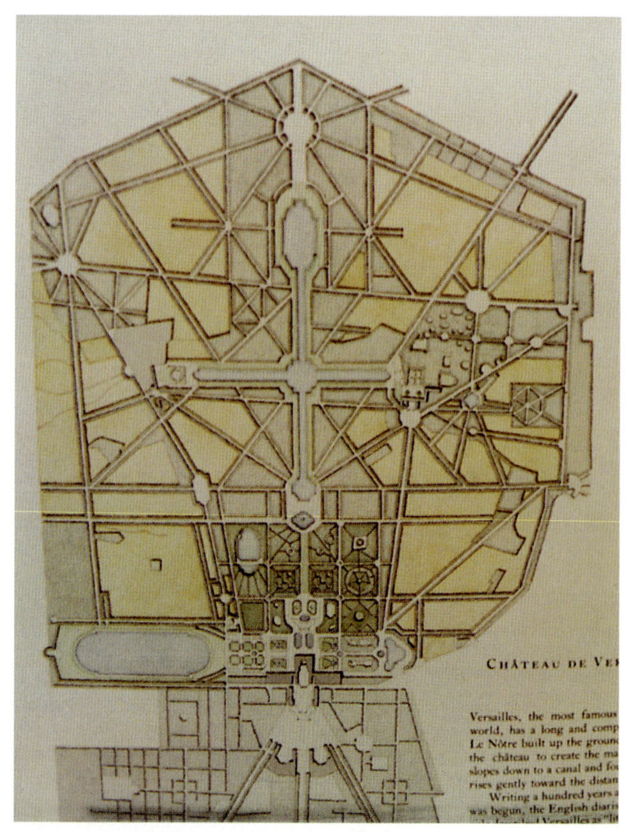

图 2−91
法国凡尔赛宫园平面简图

凡尔赛宫与园相比，“园”的面积相对远大于“宫”，由一位园工之子勒诺特（Le Notré）主持，以规整式（Formal Style）严格的放射性对称（Radiated Symmetry）的道路系统，穿插中心景物的变化，加上一个十字形大水池（长轴约 2000 米）为全局的中心景物，更显通透壮观，宏伟大方。植物以大乔木为主，夹景（Vista）十分清丽可见中心的各种雕塑远景。如少数人游览甚至有阴森之感。整个凡尔赛宫园的尺度（Scale）超大，据讲解：在路易王朝时代，宴会动辄数百人参加，而且均以佩戴刀剑为美，所以空间加大才足以容纳。如今，凡尔赛宫园每年接待各国游客 500 万人，详情有很多专书，不再赘述。

关于颐和园，乾隆十五年（1750 年）建清漪园，1893 年慈禧太后重修时改名颐和园。距清王朝结束封建统治（1911 年）只 18 年，从兴建至民国诞生这 161 年正是中国受西方列强屈辱的最高峰时期（如 1840 年鸦片战争）。颐和园的格局全部采用了自然式（Informal Style）局部建筑物假借佛教的尊严采用了轴线对称（Symmetrical Axis），其他部分添建的零星院落，大多按需要在自然中变化，尤其向江南寄畅园仿造的“谐趣园”更显出清王朝崇尚自然式的喜好。这一纯粹为满足皇族少数人的喜好所建的园林，正是可入的古董，如今向千万人的首都人民开放，当然捉襟见肘，原有的艺术性很高，但跟不上客观需要。

图 2-92　北京清代建立的颐和园

图 2—93　北京颐和园内仿江南寄畅园的谐趣园

以上介绍了两个形式与内容完全不同的名园，每年接待大量的游人赏憩帝王的“鸿慈永祐”，为此放在本章的最后，借以明示：“那是一件可入的古董，而不能算是我们生活中理想和需要的公园。”

（四）不同的公园分类综述

1．前辈陈植先生按日本常用的分类，大略分为都市公园（City Park）和天然公园（Natural Park）。前者多在城市规划中先有定局，一般规模较小。后者在远近郊区选择自然风景较好地区划为公园，面积较大，需加工改造方可。

2．按公园的内容分类：各国均有不同的分法：如儿童公园、体育公园、动物园、植物园（包括树木园）、名人公园、古迹公园、森林公园等，具有一定的主要内容，统称为“主题公园”（Theme Park），但有些公园具有多种内容，属于“综合公园”任由人选游，英文称“Comprehensive Park”。

3．按公园所在地不同的分类取名：如海滨公园、高山公园、途中公园（游人不下来，乘车穿行而过、风景沿公路两边布置）和最小的近邻公园（Neighbourhood Park）。后者是日本流行在城市居住区内，规定距居住区半公里（500 米）以内，面积平均 1 万人享有 2 公顷，十分普遍。

图 2–94　美国 Duluth 滨湖公园

4. 按投资来源不同而取名：如国立公园（National Park），市立公园（Municipal Park），校园（Campus）和不少私人投资的祖先遗产，现开放游览，收门票经营园貌。取名种植园（Plantation）或庄园（Estate）等，也是公园性质。

5. 按设计者对该园预设的情趣，人为与自然的结合之下，使游人产生异于四周的不同情感反应。如乡趣公园（Countryside-taste Park）用竹篱茅舍果园牛圈布置的乡村景象，受人喜爱。野趣公园（Wildness Park）种植野生和栽培的大量禾本科草类，浅水中种芦苇，非常有野趣，欧美均有实际的景观和专书，深受赞扬。草坪中杂入矮生野花如豆科的米口袋（*Cueldenstaedtia*），堇菜科的紫花地丁（*Viola*），菊科的蒲公英（*Taraxacum*）等，许多省工而美丽的小花，现出一派野趣，自生自灭，开始时由人工诱导引种野生植物，模仿“宛自天开”，管理省工，景观朴素，游人乐意。

6. 其他数量不多但颇为别致的公园，世界各国均有发现。如缩景公园，将闻名的山川、宫殿、庙宇等原形，进行适当比例的缩小，使游人如身临其境。又如盆景公园，除展出各色盆景之外，还可进行制作表演，有些绝技得以流传。公园的分类大致如上几种分法。为结束本章，提出如下几点结语：

图 2-95　美国郊区公路公园化称 Parkway

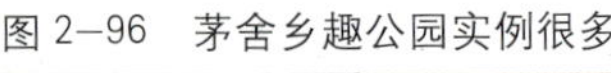

图 2-96　茅舍乡趣公园实例很多

图 2-97　伦敦桥、巴黎塔缩入一个世界公园（北京）

图 2–98　大树变小，枝干古雅，公园陈列盆栽共赏

图 2–99　树石相依水为伴，枝叶交织互融融

(1) 前人确实给我们留下许多可游之地，可是原来的缔造者并未想到将来他的园地会变成公众的乐游之地。所以全部内容均按少数人的意图设计、建造，在他的有生之年为所欲为。尤其帝王的专权之下，北京的皇家园林，包括圆明园、颐和园、北海、中南海和故宫中的花园无一不是按少数人的思维实现的。现在步行在拥挤的长廊上、儿童冒险爬在假山上、青年人拿着球寻找球场……这些场景往往淹没了凭吊古迹的人群。值得赞扬的是那些辛勤的劳动者，为我们留下许多美景，但不是现代化城市居民迫切需要的现代化的公共园林，只能说是对古园林艺术的欣赏。

(2) 北美大陆上英语国家中，人口不多、地面宽敞，几百年来许许多多庄园、种植园、私用的大宅大院，已经人去楼空或多次转手，复杂的历史多半发生在建筑物内。室外有意无意地郁郁葱葱生长，已是美妙的植物世界了。正好人们利用这室外的空间大肆改造，奔向现代化。对可用的建筑物正好“古为今用”，不当作古迹凭吊，按内容加以改造，面向群众搞陈列展览，传授科学技术，搞图书馆、画廊、短期培训，技术表演，各种主题的博物馆……文化活动，内容很多。国外几百座公园中有三分之二以上是这样上马，热热闹闹地为群众服务。政府或资金丰富的公益团体支持公园的各种活动。这些先例可以供我们参考，室外、室内同样为公众作出贡献。

(3) 现代城市建筑物日渐拥挤，人民活动的空间不足，车辆与道路占据大量的土地，大楼高耸地面紧张，人们远离自然，乃至“五谷不分”，不知农村、农民为何似大有人在，公园正应该是链接城市与农村的通道。所以不少城市提出“郊野公园”的建议，在城市的附近以郊野朴素的风貌迎接“城里人”，一方面减少城市闲散人口的压力，使他们更多地知道“粒粒皆辛苦”来之不易的农产品和农民兄弟的生活，同时在乡村景观，农村生活的陶冶下，使他们更接近自然，更了解俭朴的可贵。没有亭台楼阁的公园，花草树木之美，有更多的变化胜过建筑！以上专写植物的天下，只是触及植物世界的九牛一毛，设计师的笔下，将会为公园谱写出无比美妙喜游的“植物之曲”。

图 2–100
谱写自然和谐曲，奏出人间同乐声

二、期望与前奏

（一）引言

人们对自己生活环境都有些盼望，其中很大程度上按自己的经济收支为准，例如周末的旅游、家园的美化、室内的装饰和许多食衣住行如何提高的想法，都与收支息息相关。只有一件不需过多盘算的闲情逸趣，那就是“上公园”散步，或说“散心”。所以“逛公园”应是城市生活不可或缺的行动。

因此公园的设计与施工应纳入市政工程的重要组成部分。这方面有的城市做得出色，评为“花园城市”，有的刚刚起步，故写在“期望与前奏”中供参考。

一个城市绿地面积与人口数量，算出一个人均多少平方米的数字，已成为城市之间相比之下的竞争目标。记得我国“八五”期间曾实现人均公共绿地 5 平方米的指标，在这个基础上规划 2000 年绿化覆盖率将达到 35% 以上。这些数字普通老百姓并不关心是否达标，走在街上也看不出来，心向往之的是离家不远有个公园再好不过了。所以公园多多益善，应是城市建设的目标。

首先把名词弄清楚，欧美已经陷入 Park 与 Garden 的迷阵，前面作了一点解释，我们自己也裹在几个词组之中，如“园林绿地”、“风景名胜”、“环境绿化”、“公园绿化”等，界说弄不清楚。总是少不了一个“绿”字，植物肯定是主角，没错。按 1992 年建设部发表“城市园林绿化……实施办法”中，规划目标和发展序列一节中第一项就是“重点发展公园……”。十几年过去了。先明确公园的规划，再开展实施，成绩斐然不在话下。

（二）“空地皆公园论”

在城市规划中以“空地皆公园”为口号，作为预期的目标，先提出几条讨论如下：

1. 值得商榷的问题——城市均在逐步发展中，例如纽约中央公园 1876 年建成开放，距今 130 多年前一片郊野几无人来游，当时只有马车或骑马代步。园长等人均站在公园门口欢迎游人。如今公园四周街区林立，高楼拥塞，道路交叉极多，公园的存在造成了交通的困难，于是在公园的地下开了四条汽车通道才初步解决。通过这段历史故事发现公园的规划设计确实存在一些可能遇到的难题。例如：

（1）公园选址集中与分散的问题。答案是集中不如分散，主要是方便游人的往来。

（2）公园范围是否限定的问题。答案是永久性公园要有明确的范围。未定性的公园先植树绿化。

（3）空地皆公园的论点能否实现的问题。答案是先绿化后美化，能步步走向未来的公园。

2．绿化走在公园之前——空地先种植乔木，北纬40° 以北的城镇栽落叶乔木，为改造成公园打下基础。不预设范围并借此养大苗。

3． 了解服务对象——建设公园的内容与附近的居民（包括机关学校等）的情趣与爱好及闲适的需要，有一致性。设计者对该公园附近的服务对象应有一定的了解，才能量体裁衣。

4．由绿化走向园林——“园林”是人工提高植物的色彩美与形体美的结果。亭台楼阁、雕梁画栋的时代已经过去。现代人们需要的是接近自然、了解自然、享受自然，作为园林设计师的笔下要能引导人们热爱自然。

5． 城市公园化——按“空地皆公园”的目标建设，城内外风景如画，可以命名“公园城”了。唐杜牧诗“停车坐爱枫林晚，霜叶红于二月花”的情景将会不难一见。公园的招牌真的可以不挂了。空地都是公园。

6． 可贵的行为——对于逛公园这个“行为”的心理分析，按社会心理学认为公园是自然环境，但也是社会环境，两者统一地影响人的行为。在家庭中向往着人类生态要求最美好的“环境”——公园中去，愿意接受这统一的影响，是十分可贵的。

7． 理想的实现——从许多形成公园的历史来分析，原来并不是为建设公园而设计的。如北京的天坛、先农坛、地坛等许多坛庙，如今已是深受欢迎的古迹公园了。原因是建筑物（如祈年殿等）所占的面积小,室外无顶的空间（Roofless Space）很大,中外一样,改造成公园十分方便。帮助实现“空地皆公园”的理想。

8．“宛自天开”的自然——如儿童公园、体育公园之类属于“主题公园”（Theme Park），设计比较单一，但“综合公园”内容多样、游人复杂，比较难以多方面满足游人。公园内的山水草木相互交织一如一曲自然界的交响曲，问题正在于人为的自然景观是否“宛自天开”？正如贝多芬的“田园交响曲”使人听了各种自然界的生曲，如同真的置身田园。综合性的公园中各种景物的色彩与形象，使游人感觉到“宛自天开”的部分，一定是设计师的成功之作。《园冶》中推崇的是“虽由人作”，正是鼓励造园者要留意自然景观，大自然的形象是适宜的生物“竞争”的生态结局。公园中人们喜爱的应是人工仿造的大自然，要求达到“宛自天开”。

9．在公园里看什么——综合性公园的游人有不少是属于“漫游”(又称遨游)性质，无一定要求，无目的、无选择地由游人自己决定去留。所以要提供美丽的自然风景，供漫游者自选。可赏的景物有两大类：生物和非生物。前者以植物为主，蝴蝶、鸟儿之类动物自己会来。后者大多是文化载体，有相当的吸引力，后面要专节介绍。植物生在土壤中，公园要不暴露土面，植物敷满土面的要求一定是：丰富的种类、足够的数量、合理的选择、艺术的搭配、水肥的适量、冷热的爱抚、酷似自然。这样的景观呈现出无穷的变化，使游人目不暇接。

图 2–101 英国丘园文化的载体——中国宝塔

10．公园中的文化载体：

博物馆：是搜集、保藏、陈列和研究代表自然和人类的实物，为公众提供知识、教育和欣赏的文化机构。一般分为三大类：艺术的、历史的和科学的，许多国家均以大量博物馆的设立而自诩文化水平。非生物展品有序地在室内展出，而生物的展出大部分在室外，名称也不再称博物馆，成了公园性质的文化载体——植物园、动物园之类。

宝塔、碑林、闻名建筑等可入性古老建筑物，如英国丘园（Kew）的中国式十层宝塔，欢迎登塔远眺，西安的“碑林”集中大量古代书法家的碑刻，太原的“晋祠”古殿犹存……这些历史文物已成为游览的“主题”，而建筑之外的大面积空间仍属公园的性质。

触及政治的如：“国际和平园”（The International Peace Garden）在美国北达科他州（North Dakota）Dunseith 城出现，正在加拿大边界处，1932 年在这里建园象征和平，有方尖塔、雕像、山水、花草等，用森林、草原及野生的动植物象征性地呼吁和平。

建筑物的形式是历史最佳的见证。颐和园的黄色琉璃瓦建筑就明白地告诉你，那是封建王朝的遗物。美国从英国殖民主义桎梏之下走向独立自主，也留下许多旧时代的建筑，如美国弗吉尼亚州（Virginia）展出威廉斯堡城（Willimsburg）

英国殖民时代殖民统治者的“宫殿”(Governor's Palace)及当时对老百姓的严格要求，一一展出以警示后人。如今已成众人游览的公园。这个历史的实物对游人的教育意义十分深刻。

文化载体有大有小，有宜于室内展出，也有室外的风景雕塑、假山之类。如法国凡尔赛宫室内有意大利油画家达·芬奇晚年辛苦绘制的壁画，犹历历在目，游人昂首欣赏前人的业绩，受到深刻的教育。

三、结语

人类室居生活已久，对建筑物的需求与情感自然重于植物。人类生态学与环境科学的研究与重视历史很短，所以在这里尽力倡导室外生活为植物世界谋求更多的爱好。公园的建设内容希望空地先绿起来……。无非是一件简单的意图——期望祖国同胞们走上健康、愉快的室外生活道路。

实际上操笔设计者的想法非常重要。许多城市已将能改造的历史遗迹变成了公园（如天坛公园）。大部分城市正在操持新建的各种各样的新公园。为此，介绍国内外建设公园的历史和经验十分必要。同时新公园的客观需要与内容，又有许多新的课题要做好答案。所以零碎举出一些前人的经验与预想到的“空地皆公园”可能遇到的问题。写出来供社会主义新公园添砖加瓦。

第三章　空地皆公园的实现

一、乔木的种植

乔木一直是园林绿化的主角，从观赏的作用而言常被灌木压倒。那是从审美的角度出发，实质上从功能上评价，乔木永远是人类的贤朋益友，对人类的贡献很大。在公园中的作用如：庇荫、防风、防噪声、水土保持、改善生态环境、美化环境，在视觉中乔木是形成立体景观的主要内容。而且是随着时间、空间不断变化的有生命的成员。有些还能按季节开花、结果，成为园林中无声的演员，表现出异彩甚至郁香喜人，美味适口。

乔木是指木本植物中有明显的主干，由分枝叶片形成树冠，年年主干加粗寿命很长。其中一部分冬季因低温而落叶，称落叶乔木，一部分可以耐过冬寒而叶片不落的称常绿乔木。常绿树中一部分叶片针状或鳞片状，能抗冬季的低温，称为针叶树（Conifer，又称松柏类）。一部分叶形片状，不耐低温的称阔叶常绿乔木，不能用在北纬32°以北的地带，有时变成落叶树过冬。看栽种地点的小气候而定，比较复杂。总之温带可用的乔木，观赏价值较高的约有200种。

园林中可栽的乔木种类很多，树种选择常属首要问题。事先须要了解许多情况，设计者与公园主持人之间要充分交换意见，中国古谚“十年树木百年树人”，一旦种下去最好不再移动了。下面分别讨论两个问题。

（一）树种的选择

事先应明了这一树种的情况：(1) 常绿、半常绿、落叶。(2) 生长快慢、极限的高度。(3) 病虫害发生的可能性。(4) 根与茎成年发育的远景，包括花果、气味和形态。(5) 寿命长短的记录与评估。(6) 树皮的粗细、颜色与纹理。(7) 冬季抗风抗雪的能力。(8) 对土壤有无特殊的选择（如Ph值）等。这些资料专业工作者大多心中有数，可靠的参考自然是当地流行的树种，如中国北方的杨、柳、榆、槐、椿。几百年来走不出这些老框框，主要是稳妥可靠。

图 3–1　韩国公园的路旁乔木多行自然式不通车

图 3–2　海南三亚鹿回头公园入口路旁植物种植

（二）位置的选择

按功能的要求，公园、花园的庇荫、挡风两件大事要由乔木来担当。城市屋宇栉比，风力不大，而夏日城市公园最受游人欢迎的是浓荫的乔林，但乔林多了冬日又显阴森寒冷，所以位置与面积都很重要。如：

1. 道路两旁——公园的道路不是行车的公路，路旁种树是为了步行游人休息散步之用。所以①树种可以多样；②距离可以变化；③有远景可赏的路段，设椅、凳供停留欣赏。

2. 收屏得体——《园冶》中名句“嘉则收之，俗则屏之”（兴造论）。列树可收远景，西方称透视夹景（Vista），非乔木不可。路旁嘉景如喷泉、雕塑、花坛等，疏植乔木收之，俗景如杂木丛生、蓬蒿遍地、废料垃圾等不雅观的局部，用乔灌混交屏挡起来十分必要。要屏的范围含有许多艺术性和心理学，有时为了引导游人的流向，诱引视点的集中，增加明暗的变幻，感觉目的地的远近等，均可以巧妙地使用乔木。

3. 消灭空地——春季造林运动都是造乔木林，园林中先绿化后美化，也是种乔木，“空地皆公园”的论点或口号也是希望城市里的空地先种上乔木绿化起来。所以空地种乔木是必然先行的，实例很多。

图 3—3　空地皆植树日久成公园

图 3-4　溪边空地勿闲置，油松十年即成林

图 3-5　针阔混交冬夏咸宜（英 · 三岔路口布景）

4. 挡住来风——春、夏、秋三季对风吹（不是五级以上大风）是欢迎的。冬季风吹低温的空气感到不适，尤其风速与通风孔隙的平方成反比，就是风口小反而风速大风力强，这在通道、林向、溪流等景物设计时，要熟悉晚秋、冬季、早春的风向记录。例如北方冬季多西北风。设计者应切记道路的方向应避免西北向。不过前苏联的造园书上认为“道路与常规风向一致”可以将路面吹得干干净净。为了省工又是一种说法供参考。

5. 庇荫的艺术——春季讲求“风和日丽”，蛰居一个冬季，一旦春日升空人人欢喜。落叶树很适时地慢慢发出新绿，当你感到日光灼人的时候，树叶已能庇荫了，动植物之间的默契十分微妙。夏日正如唐诗：“夏风多暖暖，树木有繁阴”（元稹：《表夏》），一语道破夏天的热风有乔木的阴凉。可是人们的要求不只是求阴，还要能有色、有香、有味，能看又能吃最好。秋冬季落叶萧萧迎来短暂的秋红之后即冬烘的阳光，常绿树就在凄风苦雨中煎熬度日，庇荫反而是多余的了。所以对乔木的要求确实很高、很强烈，也很复杂。至于乔木有空间分隔的作用与树影移动的规律，也应该是设计时加以考虑的因素。较小面积的园林，一株大乔木种在园中，很容易将空间感觉上如同分隔成两块。再如一年之中一株大乔木树影的移动，在北纬 35° 以北的地带，从日出到日落，夏季影子的遮盖面相当大（轨迹从西北至东北），所以园内的花坛、花境等矮小植物的位置要躲开乔木的阴影。如果忽略，被遮的植物生长发育不良会导致失败。

图 3–6
灰色叶的桂香柳似将空间分隔成两块

（三）乔木布置方式的选择

1. 孤植（Isolated Planting）

用于孤植的乔木一般采用常绿树，选具有美丽、隽永的树形或姿态古雅的盆景植物，体形大小比例与四周景物协调的适龄树木。最常用的如雪松（*Cedrus deodara*），云杉属（*Picea*）各种及冷杉属（*Abies*）各种均很理想，只是生长太慢。桧柏（*Juniperus*）分枝稍显松散，亦可用。落叶乔木也有不少可供孤植。

前述园中的近景中常有平阔的视野，孤植树最能显出它亭亭可人的姿态，在直路交叉处或端头，大面积草坪的边角或非几何中心，高大建筑物的室外轴线上，围墙（或围栏）的转角处等。规整式（Formal Style）园林的视心多靠孤植树点缀，极不自然，故不赘述。

图 3–7　雪松（*Cedrus deodara*）最宜孤植（上）
图 3–8　云杉（*Picea asperata*）孤植甚美（下）

图 3–9 垂柳（*Salix babylonica*）婀娜多姿适于孤植

图 3–10 银杏（*Ginkgo biloba*）树形孤植最美

2. 群植（Grouped Planting）

组成稀疏阴凉，四周有景可以留赏，或有条件坐憩（如有桌椅卖茶水之类），或陪衬小型园林建筑（亭、亭桥）。园林中常以乔木三五成群小片种植。群植为仿照自然界野生乔木的滋生，采取①株距不相等（一般不少于4米）；②以单数3、5、7株为一群，组成不等边的多边形避免三株在同一直线上；③每群之间不一定有明显界限，总的感觉混然一小片疏林，有各种不同的株距方显自然。一种乔木之外可杂入适合的灌木或乔木，仍以自然式植入疏林。

图3–11　元代倪瓒画山水常三五株或树群

图3–12
雪松三株成群无孤植之美

图3–13
3–5株成群种植铅笔柏（*Sabina virginiana*，北京）

群植在园林中的位置，比较灵活。由于群植本身就是一组乔灌混交的“景”，错落有致，物候连续变化，俨然一幅风景画，既是立体的又能四面观赏，晨昏四季随时变幻，远远胜过室内徒然高悬的风景画。所以作为一“景”即可尽使游人得以欣赏。英国牛津大学城的公园群植在草地上极美。

3. 林植（Focestation）

公园中将乔木成片种植，不同于林学的“造林”。主要是模仿天然自生自长的形象。如果是风刮来的种子不可能成直线或等距离，虽属人工栽树，甚至山水画中的树尽量希望达到“宛自天开”或“自成天然之趣。”其中又分“纯林”，即用一个树种栽一片，如柳林、竹林等。还有“杂木林”，用几种乔灌木交互种植，各自表现叶、花、果的特长。

“林植”在公园中早已被人喜爱，功能上可以避烈日、挡强风，而且林中幽静与噪声隔开，林间小路《园冶》赞为“竹里通幽”，松林中的休息建筑赞为“松寮隐僻”，都是闹中取静的良好去处。

图 3–14
落叶树以不等距离种植的杜仲（*Eucommia ulmoides*，北京）

图 3–15
台湾人嗜嚼槟榔，城内路旁许多片林槟榔（*Areca cateca*）

图 3-16　耐寒耐碱耐旱的北京习见早园竹（*Phylostachys propingua*）

图 3-17　化石植物耐性很强生长较快的水杉林（*Metasequoia glaptostroboides*）（北京）

图 3-18　针叶阔叶林木混交绿化美化效果极好（庐山）

模仿天然林希望能达到不露人工林的形象如：①林缘不规则、不整齐。②株行距不等，排列不成直线或等边多角形，有疏有密。③按树种遗传记录的高度排列，高矮错落互为背景，高大的乔木适于种在平面的中央或斜面的高端，同时注意林地的方向及树荫的轨迹。设计者应熟悉天然林的形象与内容，甚至搜集选定植物的物候记录及野生相伴生的地被植物，都要有所了解。

北京园林绿化工作中盛赞“片儿林”的良好作用，就是指比群植大、比林植小的成片种植，十年左右都成了翠荫敷地的良好林相，很美。

公园中应有成片的树林，但不是“森林公园”中的“片林”，那里的林相过于阴森。公园中“近景”精彩，不应设林植妨碍视线或使阳光不足。适宜的林植地点应设在“近景”进入“中景”的附近。而且近景区附近的林植采取疏林的形式，以便游人在疏林中坐憩、欣赏风景。

园林中一株古老的树木像一座活的纪念碑，有时候还有石刻，说明某年某人手植。时代的沧桑，颇似活的见证成为名木。何况年轮中都有水涝干旱蹉跎岁月的记录，要千方百计保养好古树，供今人后人欣赏。山东泰山下岱庙正殿前踏步正中的古柏至今完好地保留，是一个良好的样板。

二、灌木的种植

（一）引言

英文Shrub译为灌木，源自日文，汉语古籍中《诗经》大雅中出现，但语焉不详，并不表矮小树木之意。所谓灌木据日语词典中解释为“树干与树冠的界限不清楚的树形低矮、主干较多的树木”。中文《辞海》中称：“无明显主干的木本植物，植株一般矮小，近地面处枝干丛生，均为多年生。”园林中种植灌木由于：①种类繁多，花色品种十分繁盛，选栽方便。②植株高矮接近人类的平均视平线，欣赏容易映入眼帘。③生长较快，开花结果较早，发挥观赏效果较乔木快。④一般耐修剪耐移植，成活与繁殖均比较容易。……由此，在园林中广受欢迎大量种植。月季（*Rose*）即具备这些优点，在市场经济的鼓动下，月季的品种已超过两万种，使选购者为之眼花缭乱。

公共园林是植物的世界，选栽一些什么植物最受游人的欢迎？提出以下三点供参考：

1．以多取胜——“名花”是许多花中竞争后的胜利者，经济鼓动着科研队伍，必然新品种大量出现，公园大力搜集，将大量品种展出，可以辟成专类园（如牡丹园、月季园之类）。在开花时节由电视、广播网站报纸加以宣传介绍，成为城市生活轰动一时的新闻，招来许多游人前来赏花。西方许多城市的电视节目中有“花讯”的报导很受欢迎。公园以花色品种多才敢于宣传。

图 3–19 典型的灌木迎春（*Jasminum nudiflorum*）

图 3–21 以奇取胜的龙爪槐（*Sophora japonica* 'Pendula'）

图 3–20 吸取昆虫为生的猪笼草（*Nepenthes mirabilis*）以奇取胜一例

2．以奇取胜——形态上异乎寻常的植物，常说"奇花异草"能吸引大量游人。西方对中国的盆景，将大树矮化成畸形树木，十分珍视。又如食虫植物、多浆植物等均使久居温带的人们视为奇物，搜来满足人们的好奇心理，增加科学的见识。

3．以难取胜——生活在温带很想看看热带、亚热带的风光何似，能见到热带的植物景观已十分满意了。英国百多年前在伦敦皇家植物园内建起世界最早的"棕榈室"（Palm House），栽种热带棕榈科植物很多种类，使英国人欢喜若狂，虽是玻璃花房，冬季加温保护，但科学意义上还是可贵的。与此相关的学科如：温室建筑学、植物地理学、生理学、栽培学等，都为之提高，难度愈大愈表示公

图 3–22 大树盆栽以难取胜（上海）

园的技艺水平高。

以上三条“取胜”之道，实际上相互穿插灵活运用。其中一道取胜亦能闻名世界。如美国洛杉矶市郊的亨廷顿（Huntington）植物园，热衷于大量搜集多浆植物（Succulent Plants），邻近亚利桑那州野生的仙人掌类（*Cactus*）十分丰富，也移来植物园，造成一块 12 英亩（约合 4.8 公顷）的“多浆植物区”。其中闻名而稀有的如：夜间开花的“山影拳”（*Cereus*）、球形黄刺的金琥（*Echinocactus*）、金色刺的“金桶拳”（*Golden barrelcactus*）等，都闻名世界，招来各国的游人。作者在那里见到“高丝兰”（*Yucca elata*）高达 15 米，白花的长大花序下垂。真是叹为观止、不虚此行。

图 3-23（左）
以难取胜 寒地见到热带风光（北京）

图 3-24（下）
美国亨廷顿植物园的高丝兰（*Yucca elata*）花序下垂

（二）灌木如何布景

造园学家 Huge Johnson 的名言说："灌木是花园的脊梁骨"（Shrub：The backbone），确实优点很多，不再重复。大量灌木在大片土地上如何布置成景？西方人的一些办法介绍一下：

1. 篱植（hedge）

在温带多用常绿小叶的灌木为活篱，最常见的是黄杨属（*Buxus*）植物，针叶树中有雪松属（*Cedrus*）、柳杉属（*Cryptomeria*）、柏木属（*Cupressus*）、落叶松属（*Larix*）、崖柏属（*Thuja*）、铁杉属（*Tsuga*）、刺柏属（*Juniperus*）、圆柏属（*Sabina*）等。阔叶灌木中还有：槭属（*Acer*）、水青冈属（*Fagus*）、卫矛属（*Euonymus*）、女贞属（*Ligustrum*）等。这些属中均有适于充作绿篱的种类。各国的喜好不太一致，我国南方多用女贞属，北方常用卫矛属的大叶黄杨（*E. japonica*）及黄杨属的锦熟黄杨（*B. sempervirens*）较为多见。

图 3-25　北方最常用黄杨属（*Buxus*）植物为篱，耐人工修剪，生长慢，叶片亮绿

图 3–26　观花绿篱白丁香（*Syringa*），花后修剪

选择绿篱植物最好能符合以下诸条件中的大部分或一部分。①主干多、分蘖旺，分枝点近地面。②分枝多，小枝较稠密。③叶小形，密生，叶面较光滑无毛，常绿或半常绿（北温带可用落叶树木为篱，甚至开花灌木，花后修剪）。④耐修剪、再生性强，适应密植情况。⑤繁殖容易，成苗大量供应才能选为绿篱。实生苗、扦插苗均适宜。英国老式园林利用高篱分隔空间，大量绿篱出现，局部枝条枯损，用嫁接方式补救高篱上的空洞，管理十分精致。但视线受到绿篱的阻隔，风景的局限性十分严重。在这里只说明灌木在园林中应用的方式之一是被人类当作区分边界的标志，有高篱到 10 米像绿色的城墙，矮的图案绿篱只高 10 厘米，变化很多，根本目的是观叶片的绿色集体美。开花少，不希求其他色彩美。

2. 花境（Border）

花境的英文有“边境”的意思，但在园艺的应用时，表示一条狭长的种植带，沿着花园的边界、道路的一边，或墙脚下的斜坡等地方，种植灌木或多年生宿根草本及球根类，装饰园景，与“边境”或“限制”的含义无关。“Border”这个词对它的大小也无明白的表示，一般总是宽度不小于 1.5 米（约 5 英尺）长度不限，按情况决定。但重要的是土壤要适合植物的生长，种植之前深耕细作，肥沃松软，因种植后 3–5 年内不作较大的移动，只表面松土除草等作业。灌木种入花

图 3–27　公园赶节日用同时开花的草花做花境（北京植物园）

图 3–28　为分类学选单子叶植物为花境（英国 Wisley 花园）

境，头3年使营养生长旺盛，不急于观赏开花之美，在植株丰满后，再令其开花。选入花境的灌木，有几种选择的途径：①同一种内的不同品种。②不同种类花期有早有迟，但一年四季均有花可赏。③高矮搭配，互为背景或陪衬。④多年生草本与球根植物不与灌木混杂种植，但可以处在灌木的边缘或充作低矮下木。⑤种类不同的灌木要求每种不少于10株，在花境内“物以类聚”形成团块，花期不同的团块（Block）在花境的不同位置出现，显出自然生长的趣味。同一种植物的团块，可以在长条形花境中重复出现。将花期错开，各季有花可赏，事先应按花期进行“种植设计”（Planting Plan）。⑥花期错开是为了均匀地安排全年的观赏时间。除此之外，比较难以掌握的是色彩问题。其中含有各人的爱好，栽培中的变异和相互之间组合的效果，求“对比”（Contrast）还是“调和”（Harmony）这方面的艺术道理要事先决定，此事后面将专章讨论。

西方国家十分重视花境的设置，一般的评论要求达到：①全园可见的边界均能有花境的装点。②大部分条形花境只求一侧有观赏效果，亦即后面高、前面矮，以高矮不同的植物构成斜面。③花境内不同植物的花期讲求四季有花可赏，而且分布均匀，如沿着花境步行不觉寂寞。④重复之中有变化。以“团块”为变化的最小单元，花境中不作单株表现的机会与可能。目的在于追求“自然”的表现，实际上要精心设计，加上人工管理才能达到“宛自天开”的效果。

3．下木种植（Beneath Planting）

乔木林因阳光不足，林下生长若干灌木，常称为“下木”，其中生在林缘的仍可获得日光，乔林深处日光不足，生长少数耐阴的植物。热带林中因过于黑暗而植物大多攀缘乔木向上生长。公园中的乔林多半为了幽静和荫凉，不学热带的乔林。

耐阴的植物实际是耐半阴，只要是绿色的植物都是靠光的抚育而活命的，公园中的乔林是仿自然式有疏有密的，疏林有光透入自然应布置一些耐半阴的灌木或称“下木”。

最理想、用得最多的是生性耐阴的杜鹃花属（*Rhododendron*）的植物，曾有人说过：“没有中国的杜鹃花，就没有英国的花园。”一个世纪之前，英国人威尔逊（E.wilson，绰号“Chinese”）多次来华，采去杜鹃属植物400种以上，因英国气候土壤特别适宜而在英国得以大量发展。如今，英国市场上各苗圃可以提供的杜鹃花现货（新老品种）可以达到4000号以上，其发达的情况可见了。其他藤本、草本耐阴的如玉簪（*Hosta*）、伽蓝菜（*Kalanchoe*）、富贵草（*Pachysandra*）、蔓长春花（*Vinca*）、常春藤（*Hedera*）等，很多都是林中的下木之类。

图 3–29　选开红花灌木形成的花境（英国 Hidcate 庄园）

图 3–30　典型的英国花境（牛津大学植物园）

三、草本植物的种植

（一） 坛植（Bed）

Bed 这个英文词一般作“床”的意思，种花的地面比四周稍高一点，中文译成“花坛”很好，表示我们对花的尊重，“坛”字用在神坛、祖坛的殿堂中，花成片种在地上人人称赞。但种花坛的方式多种多样，归纳起来有四大类。

1. 图案花坛

文艺复兴时代兴起的、重复变化的“图案花坛”（Parterre）讲求对称、平衡、变化中求统一、重复出现等设计的原则。植物选叶色隽永、矮小、耐修剪的黄杨（*Buxus*）和五色苋（*Amaranthus*）之类的植物栽植，生长季节维持地毯状态，适于视线开旷居高临下欣赏。近观，则觉重复无味，尽显人工的技巧而已。因建造

图 3–31 用常绿灌木植成各种图案花坛（Parterre）

与管理十分费工，已逐渐被放弃。如今，欧美少数古老建筑物前尚可一见，英国最早放弃，法国尚有些花园沿用。

2. 草花花坛

大型“草花花坛”（Herbaceous Bed），城市公园或绿地，常见大片空地上长满各色的草花，有些是人工栽植，有些是自然野生的，像英国伦敦郊区空地上八月份到处可以见到红花的野生虞美人（*Papaver*）十分绚丽。草花花坛可以用一二年生草花，也可以种多年生宿根草本，种类十分丰富，不过播种育苗，然后移植坛内，日常管理工作相当费工。但种类多、选择品种有一定灵活性，花坛的面积有时也有变化的灵活性，根据现场的情况与时间的需要也往往有灵活性，根据这些灵活性，草花花坛尤其一二年生草花，常不加设计，一种花一大片，甚至直播，到时候一定开花，这在城市绿化区内是可行的。

图 3–32 台北中山纪念堂前草花花坛

图 3–33
北京雕塑公园内一色方形草花花坛种植秋海棠（*Begonia*）

图 3–34
叶色代替花色布景的金叶薯（*Ipomoea*）

图 3–35
城市空地可以大片直播福禄考（*Phlox*）等草花美化环境夏秋景观

图 3–36　直播草花不限形状，十分自然，管理省工如紫菀（*Aster*）

图 3–37　居住小区路边带状花坛（法国）

3. 带状花坛

有一种伴随道路两旁的“带状花坛”(Ribbon Bed)，宽度只1米左右，内中花卉至少两种，矮的镶边，高的居中；如果有图案变化，花色品种至少三种或更多；公园中步行路常有带状花坛陪伴游人行路。这是须要事先有设计、有苗木规划和全年施工的时间表。其中还可以加杂少数灌木，观花观叶变化很多。

4. 混合花坛

混合花坛（Mixed Bed）设计师在园内根据周围情况常随形就势造出各种形状与各种内容的混合花坛。例如一个短期的会议或展览，门前临时用各种盆栽摆成“花坛”(设法不露花盆)，其中可以用草花，也可以用灌木。混合的含义还包括色彩和形状，是最灵活的一类了。

图 3–38 小镇广场的路边花坛（英国 Cheltuham）

图 3–39　大连海边一公园入口带状花坛

图 3–40　国际花展中荷兰馆路边花坛种四季海棠（*Begonia semperflorens*）

图 3-41　厦门植物园入口临时性盆栽花坛

图 3-42　北京植物园节日短期摆放的盆栽花坛

图 3-43　与座椅结合的高设花坛（昆明世博园）

图 3-44
昆明世博园展出立体花坛

（二）草坪（Lawn）

最早对草坪感兴趣的是英国，在都铎（Tudor）王朝（1485—1603）时即喜欢玩保龄球（Bowling）需要平坦的草地。加上当时农舍四周放牧的结果，天然的平地很容易变成平整的草地。英国人自己说刮风时自然就送来草种子，英国的气候夏天潮湿，冬天不冷，所以放牧也好，稍加人工推剪一番，几年就是很美的一片草坪了。由英国到法国，草坪风行世界，才是近两百年的历史。查阅中国古园林文献中，还没有找到这方面的历史记载。

现在客观的需要，草坪事业已十分发达，从植物的选择到造园施工与管理，已经同许多国家的人居生活紧紧地捆绑在一起了。草坪发达的国家总结出草坪的优异功能很多，不是足球比赛时球员的要求才刻意满足，而是整个城市人居环境中不可少的一环。主要的如：草坪对防止水土流失、减少环境污染、软化阳光的照射、降低气温、增加湿度、适合各种年龄的游戏和闲适的生活……好处说不全。

公园的“近景”视线开旷，内容绚丽多彩，草坪是平视中不可少的板块，水面虽平不能行走，草坪在园林中像家里摆一架钢琴，什么曲子由你去弹奏都能得到自娱的愉快。

有关草坪的知识在中国的记载不多，以下分别介绍一些资料供参考：

1. 草坪植物

现在为止，各国的草坪植物大多是单子叶植物中属于禾本科（Gramineae）的几个属。如：剪股颖属（*Agrostis*），狗牙根属（*Cynodon*），羊茅属（*Festuca*），黑麦属（*Lolium*），早熟禾属（*Poa*），野牛草属（*Buchloe*），结缕草属（*Zoysia*）等。

称得起“草坪植物”（Lawn Grass）的条件：①叶片含水量少、人类践踏不致死亡；②在低温下能维持绿色，或冬季变色后很容易恢复；③有地上或地下匍匐茎，枝叶再生能力强，节间短叶片密茂，生根容易，无性繁殖快；④经机械修剪后残留 5 厘米（2 英寸）叶片，仍能在极狭窄的空间下生长并保持鲜绿；⑤草坪数年内不开花结果、不进行有性繁殖，照常旺盛生长。以上列举的 7 个属已有大量变种及品种行销全世界。可按自己城市的地理、气候及土壤情况告知种子公司，由公司配制混合种子，可以适应不同的院落小气候。美国许多城市有市容

图 3—45
铺草皮块全过程—1

图 3–46　铺草皮块全过程 –2

图 3–47　铺草皮块全过程 –3

图 3–48　铺草皮块全过程 –4

图 3–49 铺草皮块全过程 –5

图 3–50 铺草皮块全过程 –6

图 3–51 铺草皮块全过程 –7

监督公司，随时检查每户草坪的情况，如外出旅游、疏于管好草坪，公司可代为收费管理或罚款等，有一套严格的办法，人人重视。

2. 草坪的种植

草坪的种植用播种法建新草坪之外，还有铺草皮法（Sodding），英、美许多城市有代铺草坪的公司，有各品种种好的草坪，购买者先去现场参观，进行比较洽商后，公司用机械切割成约 40 厘米 × 200 厘米的草皮条块，卷起来运到目的地，铺在整好疏松肥沃的土地上，用装 50 公斤水的滚筒压实压平浇水，形似多年前植造的草坪，效果极佳。

中国少数大城市已有西方的种子公司代购各品种的草坪种子，由于种类繁多选购为难。北京植物园 20 世纪 50 年代曾自我国西北的甘肃（天水）引入美国北部原产的牧草——野牛草（*Buchloe dactyoides*）用来充作草坪种子，其结果：①耐寒、耐旱、耐瘠薄。②耐践踏，再生性很强，繁殖容易，很适合当前的管理水平。秋冬季枝叶变成淡黄色，为园中增添异彩，一反冬季绿色的常规，一些外国游客十分赞赏，看来并非缺点。如今东北、西北仍有一些城市一直使用野牛草，正是应该褒扬的果断。

前面提到禾本科 7 个属中，我国产的有如下一些种类可供进一步研究探索国产资源：

剪股颖属（*Agrostis*），我国产 26 种，可充草坪者：

高原本特草（*A. perenans*）耐旱。

匍匐剪股颖（*A. palustris*），耐湿。

狗牙根属（*Cynodon*），我国产常见者。

狗牙根（*C. dactylon*），耐热畏寒。

羊茅属（*Festuca*），我国产 23 种，多在西南。

苇羊茅（*F. elatior*），植株高大，可耐短剪。

早熟禾属（*Poa*），我国南北产 100 种以上。

草地早熟禾（*P. pratensis*），东北、华北均能生长。

黑麦草属（*Lolium*），欧亚大陆共产 10 种。

黑麦草（*L. perenne*），我国已自欧洲引入。

结缕草属（*Zoysia*），主产亚洲，最佳草坪草。

细叶结缕草（*Z. tenuifolia*），叶细而软。

中华结缕草（*Z. sinica*），多年生，固沙极好。

野生禾草类十分丰富，通过试验一定能出现国产的、更多更好的草坪草。

四、“景”的安排

英文中 Landscape 常译成风景，我国台湾地区译成“地景”，其中 Land 确是指地上的景色（-scape），英人 Laing Meason 在 1828 年著作中称意大利最早出现 Landscape Architecture 一词表示“造园”的意思，1873 年法语书中出现 Landscape Gardening 与 Lanscape Architecture 并用的趋势。至今英语国家这两个词组仍在混用，按作者意愿尚无较大的争议，造园就是造风景所以“景”是目的，不是手段。

园林是许多“景”的汇聚，这些景如何安排在空间供游人赏心悦目，确实是值得思考的重要工作。任何一块准备作为公共游赏的地块，都可以凭视线达到的情况分为远、中、近三个不同的布景区划。

（一）远景

在园林范围以外的地区，有可望而不可及的山山水水、林莽草原、蓝天大海，正如宋陆游的诗句“山穿烟雨参差出，水赴陂塘散漫流”的景象，这些都是园景的背景（Background），如北京的香山、昆明的西山和滇池……很多实例，都可以巧妙地用夹景（Vista）的手法引到园内扩大空间感。有时能使游人察觉不出该景是在园外。如北京颐和园西望玉泉山，如在园内，边墙用垂柳一排挡住了，看不清边界，加上玉泉山的塔影扶疏，映入昆明湖一如园内，常赞为最佳的“借景”(Borrowed Scenery)，巧妙而难得。所以对园内可见的远景要十分珍惜，放置椅凳留住游人欣赏。

（二）中景

远近之间为中，远景多在园外，中景应属园内精彩的近景以外。园林边际界限游人不愿意见到，游兴不能到此为止，所以颐和园（东部及北部）至今还有许多段落，保留着过去遮掩围墙的土山，山上仍有树木，看上去不像是到了园景的边缘，为之泰然自欺一番也很有趣。中景是地形、地貌、景物等变化最丰富的地区或地带。游人入园先游“近景”，然后产生希求变化的场景，所谓“峰回路转”，“一山未了一山迎”，“谷幽岚正合，路转湖偏明”……之类富于变化的布景，形成与近景迥然不同的对比风格，这是一般安排“中景”的手法，也包括地形变化之外的其他内容，难以尽述。

（三）近景

公园中最精彩的地区，常设在离主要入口不远的地方，地形平阔、内容集人工智巧多变的花坛、水池喷泉、人物或动物雕塑等，距主体建筑物（与该园有

图 3—52
园外远景也是极好的背景（北京）

图 3—53
厦门海滨公园的远景是蓝天大海

图 3—54
远近之间的中景内容多样变化无穷

图 3–55　花石近赏溢形色，中景变化趣无穷，山绿遥遥屏劲风，大树苍苍有文章

图 3–56　图案花坛常作近景供观赏（法国）

图 3–57　远、中、近三景的巧妙结合是提高园景艺术关键

图 3–58　轰动世界的"中国鸽子树"珙桐（*Davidia involucrata* 珙桐科）

图 3–59　早春先叶开放的白玉兰（*Magnolia denudata* 木兰科）

直接关系的楼、塔、殿堂等）不远，所有景物均适于近赏，精致集锦，一目了然。游人乐于在此集聚。应属全园近赏的美景所在。人工创作的园景艺术占多数。讲求对称、平衡、重复、统一超过变化等规整式的原则，游人中年老的或儿童往往到此为止。游兴未尽精力充沛的游人希望到"曲径通幽"或"豁然开朗"的景区，那就是"中景"的所在了。

例如颐和园的近景应属以佛香阁为中心的一组轴线对称的建筑群。中景则属东侧的谐趣园诸景、西侧的苏州街转入后山诸景，远景借玉泉山、西山屏蔽，均在园外。为理朝政，近东门建一小组仁寿殿也是符合外宫内寝的权宜之计，殿后即昆明湖及长廊的东端，不误游园。封建帝王的取乐私心十分明显，无需细述。

五、园林的色彩

植物的色彩丰富难以尽述，园林中恰好需要植物表现出特有的色彩，如果供求适应，即形成园林之美，但问题在于：①生长季节内大部分时间为绿色，花期比较短。②相互之间存在配合的问题，既有时间与空间的巧合，又有美术原则的要求问题，并不简单。③非生物性环境中的色彩（如墙、门、窗、道路等）与植物色彩之间的协调配合问题……。加上人对色彩的喜好又千差万别很难统一。故在此只能从色彩学的支脉中酌拾一些加以讨论。

图 3–60
重瓣白樱花（*Prunus serrulata* 'Albo-Plena' 蔷薇科）

图 3–61
晚春花灌木流苏树（*Chionanthus retusus* 木犀科）

图 3–62
近夏开花不断的珍珠梅（*Sorbaria kirilowii* 蔷薇科）

图 3–63　夏花的麻叶绣球（*Spirea cantonensis* 蔷薇科）

图 3–64　四片白瓣的红瑞木（*Cornus alba* 山茱萸科）

图 3–65　白花紫藤（*Wisteria sinensis*‘Alba’豆科）

图 3–66　凤尾兰（*Yucca gloriosa* 百合科）

图 3–67 玉簪（*Hosta plantaginea* 百合科）

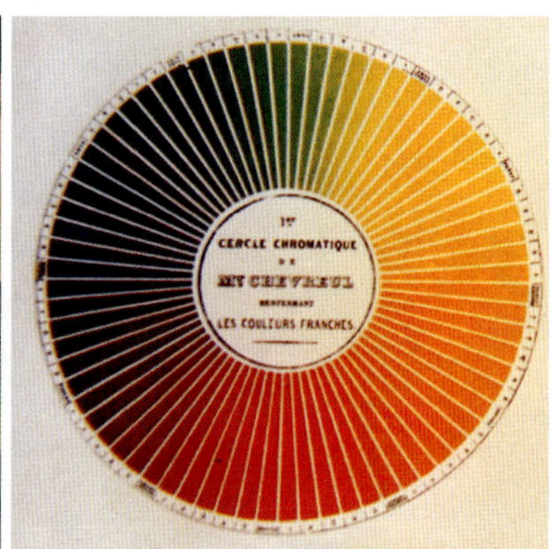

图 3–68 1839 年法人创作的色环

（一）单色（Single Colour）

园内可见的范围内，种植一种颜色的开花植物，历史上成功的记载大部分为“白花园”，主要是开白色花的植物种类比较多，而且生长季节春、夏、秋均有白花植物开花，选择范围比较宽容。白花之外只有黄色花在秋季有成功的记载。其他单选一种色彩的花，全年陆续开放不易选配，大多失败。

温带木本植物中开白花的很多，最早先叶开放的白玉兰（*Magnolia denudata*），世界向往的珙桐（*Davidia involucrata*）都开可爱的白花。灌木常见的如：含笑、溲疏、白丁香、白鹃梅、天目琼花，荚蒾属（*Viburnum*）的许多种，都开白花。草本植物中如风铃草（*Campanula* 桔梗科），福禄考（*Phlox* 花荵科），白百合（*Lilium* 百合科），铃兰（*Convallaria* 百合科），滨菊（*Leucanthemum* 菊科），玉簪（*Hosta* 百合科）等很多。许多开白花的植物，先安排好在该地区的花期及其开花时植株的高矮，这样在形象上才能保证时间和空间循序表现其美丽。绿色在白色之间起融合与调和的作用，但有经验的园艺家认为灰色叶片的植物更能协调绿色的呆板。夹在白花与绿叶之间最好种些灰叶子的植物，如银叶艾（*Artemisia stellerana*）就很理想。

（二）复色（Complex Colour）

造园者在考虑园林色彩的时候总紧密地联系着季节，希求多种色彩汇合。冬天园内的调色板上色彩少了，剩下的净是暗淡可爱的棕色，许多栎树的叶子干枯地挂在枝上不肯落地，春天的魔术到处点燃严峻的对比，可是很快夏景漫然铺满绿色或灰色。免去看烦了的绿色正好秋季拨弄了和谐的秋色之弦，大地一阵红、黄，秋色应当是一年中最美的季节，实际上四季色彩的变化，都不是单色，统一宇宙的是千变万化的复色。

太阳光经过三棱镜分为七色，赤橙黄绿青蓝紫，如果把这七色列成圆形色环（Colour Wheel），人们发现了七色之间相互配合的不同效果：一是不论浓淡，在色环上愈是挨近的愈有舒适的调和感，如红与橙、橙与黄、黄与绿、绿与青（青为蓝绿色的简称）、青与蓝、蓝与紫、紫与红。这种协调源自“你中有我、我中有你”的互存因素。另一是在色环上距离愈远，愈显差距大，形成强弱不同的对比感。因此花园中同时开花的植物，不同的色彩之间达到什么情况的“感觉”效果，花坛设计者要有“预谋”。分述如下：

1．对比色（Contrasty Colour）

例如红与绿就是在色环上距离最远的对比色，开红花时花与叶片的绿色使人看了刺眼、惊奇、或厌烦。在园中必要的主题（Theme）四周，为了醒目，可以用对比色，其他地方少用为好。为了冲击对比，可以在红与绿之间杂植灰色或紫色叶子的植物，化解了对比的刺目。

列在色环上的位置对比色还有许多，其中有的使人感到强烈（如上述的红与绿），也有的不十分强烈的对比，如黄与蓝。在植物配植时就根据目的要求，在面积上调整。景观中常说：“万绿丛中一点红”，十分耐人寻味，就是将对比色中的强色面积缩小，弱色面积增大，仍能获得惊人的效果。色彩的强弱是人的感觉，科学的解释认为是“吸收与反射”的结果。所以组合时常常强的一方面称为“明色”（Light Colour），弱的一方面称为“暗色”（Dark Colour）。

已经表现出强烈对比，如果在园中打算削弱这种趋势，有两种办法：一是前述种植灰色或紫色的植物，可以减弱。一是种植同色中较淡的花色，如红花中掺杂粉红花，立即能减轻对比。还有由红入粉红之中，用白色、灰色作为桥梁缓解视觉，降低对比色的强势也很有效。

2．调和色（Harmonic Colour）

植物按其遗传性开着祖先赋予的花朵色彩。设计者应心中有数，设法使公园中的植物能表现出较多的调和情调。例如：

（1）邻色的协调。即在色环上的位置相邻近的色彩相配合，或稍远一点也能表现出调和感，如蓝与绿。

（2）浓淡的协调。即饱和度不同的同一色彩，如深红与浅红或粉红，在不同种类的植物花色中比较容易找到“伴侣”，种植在一起效果保证协调。

（三）结语

植物的色彩，绿色材料是自营生活的宝贵物质，生命不可或缺的重要材料，所有的高等植物均可以泛称“绿色植物”，种植在园林中的植物甚至简称为“绿”化。其普遍性可知了。绿色之外的花色，以上说来道去无非是表述一点昆虫似的愿望，将动植物共生千千万万年的一点奥秘点出其中少许“人”的愿望而已。

实际上诗人的敏锐观察，将花朵比作美女、醉人、鸾凤、流莺、金掌、玉盘……

等片刻的顿悟，匆忙的游人却很难在一盼之间产生如许的感喟，现代色彩学套在花卉形态学中，固然为设计师们解决一些疑难，而欣赏花卉的游人又各自恍然玩味去了。所以希望中外的园林设计师们多接触游人，就会明白其中的逻辑。何况民族之间个人之间喜好的差别仍然存在，园林中花朵的渲染虽为时短暂，该注意的以上也都提到了。

需要加意地搞好园林中的色彩，有两点建议提醒一下：

一是色彩学中有一套名词，如饱和度（Saturation），通俗一点就是指深浅、浓淡；如色相（Hue），就是色彩、颜色；如色调（Tone），含有给人们冷暖的感觉、音乐的感觉、抽象的效果无法言表；还有色温（Temperature），不是物理学的温度，而是给予视觉的精神感受，总不致看到红色“浑身出汗”！最后还有亮度(Brightness)，也不是指照明的能量。总之，造园工作不易通统理解这些专用名词，但也应当了解色彩与人之间有着密切的精神联系，尤其公园面对大量喜好不同的人群，应当在复色中力求协调。

一是有些公园的位置阳光不足，各种色彩为之阴晦，解决的办法可以开辟水池增加倒影和反射光线，再不然多种明色的花卉，白色及乳白色或黄色花朵能使空间亮起来。

相信游人的眼睛，他们虽不一定像诗人那样敏锐，也不能以单调或贫乏的色彩来应对。学习大自然还要从中提炼和提高。为此再为色彩提几点忌讳：

一忌杂乱无章。园内乔、灌、草杂植，形成“大杂烩”。不论色彩的属性，效果相互抵消，渲染园景的作用全部失掉。

二忌过分统一。全园在一种色彩的布景之下，游人的视野内全是一种颜色，等于没有颜色。只在会议或展览的短期布景时可用。

三忌失于管理。栽培植物必须人工管理，不同于野生花卉，公园内植物管理粗细的水平，是一个城市市政的标志。细致管理之下色彩才洁净精美，发挥出应有的装饰效果。

开败的花卉色衰枯萎，影响园貌，应在早晚游人稀少时摘掉去除，以免污损未开或正开的花朵。虫咬的枯枝黄叶均一并去除。

通过实验，园内花坛、花境等表现色彩美的位置，不一定正对阳光投射的方向（如坐北朝南），如阳光下午斜射，照在花坛、花境的背后，花瓣半透明的情况下，色彩特别鲜美。所以设计花坛位置时，设在空间的东西两边，均可获得阳光斜射的美好时光。事实证明色彩绚丽、效果甚佳。

第四章 必要的作业

一、地点和范围

许多城市在进行城市规划，其中必然会有园林绿化的远期或近期的规划，及明确的指标或公共园林的远景等内容。由于国土幅员广大，建设的缓急不一，且不管是否“规划”了，城市中的“空地”总可以一目了然，将来这些空地的用场，迟早总会分晓，为了城市的“容貌”，消灭这些空地的办法如：第一步进行调查，明白空地的所在和范围情况。然后分别考虑消减空地的途径。

二、两维思考的先行

下一步纸上先行，按地形地貌安排初步的行动，然后从平面到立体，规划大小空地尽可能早日为居民服务。最好分为暂时和永久两种处理的不同办法。①暂时的——城市用地一向比较复杂，短时期可能派用场的平地，可以辟为苗圃、作为屯苗假植场、肥料土壤制备场（专制作培养土）等。②永久的——将长期为公共服务的地方，先大量植树，为绿化打下基础，如规划为公园的空地，按公园的要求规划，植树先行，争取早日成林，画成图纸上报下传成为一套可查的依据。有些设备简单的儿童们游乐的沙坑、滑梯、秋千等，移动方便的器械在城市内空地上可随处建立。北京已经大面积地开展这一消减空地的活动，成效斐然。这些简易的运动场所都是早年种了树木，郁郁苍苍的树荫下，孩子们玩得十分快乐，成年人也大量参加。

三、苗木生产与供应

空地都栽树，需要大量的苗木，种类与数量应有粗放的估计，目前不少农民，尤其经营果树与林木相关的农民，不少转为经营苗圃，但由于互相之间缺乏联系，产销的竞争损益悬殊。据知丹麦的合作社经营方式举世闻名，同行业组织在一起（丹麦称合作社），有调查研究，对次年的供求有相当准确的估计，然后按各苗圃的擅长分配繁殖的种类和数量，销售由合作社负责，最重要的是滞销部分由合作社赔偿，这样生产者信任和尊重合作社，生产的干劲与信心十足。

作者曾参观一家三代人经营的仙客来盆栽苗圃，经验丰富，技术精良，不愁销路，信心十足。我们没有这类组织，记得前几年一位韩国人要买垂柳苗，从内蒙古到北京一直摸不着门路，找到一家私营苗圃说，从来都不搞垂柳。所以要立意消减城市的空地，渐渐走入“空地皆公园”的理想，先将木本苗木的需要规划好，将空地当苗圃是一条必行之路。

然后将公私苗木生产单位组织起来，不仅摸清“家底”，而且还可以做许多有益的工作，如：①广告宣传，供求结合。②技术提高，传授科学养苗。③互通有无，开展国内外的引种工作等许多联营的好处。

四、阶段性走向公园

城市空地渐渐盖起高楼大厦派上用场。公共游乐的地界逐渐明确，可喜的是原栽的乔木已经成长。像美国首都华盛顿，在北边 10 公里外，站在 20 层高楼上向国会山、白宫一带望去，不见一座高楼，只见一片树海，正是十月艳阳天，几点红槭点缀在绿洋中十分入胜。那里的空地都栽了树木、铺了草坪，看不见暴露的土地，更看不见一个公园的牌匾，却随处都有公园的形象和功能。

我们能否也将时间分为五年一个计划阶段，走向“空地皆公园”的设想？前车之鉴可供参考的不少。有关土地的法律也很多，但空地栽树应当不触犯法律，这样，创造公园的雏形就有些希望了。即使派作非公园的用场，树木可以移走或加以利用，都很容易，这个“倡议”园林工作者年年都在追求，也随时都有困扰。按计划的阶段一步步地实现，最后城市陷在一片绿色树海中，“城市公园化”的日子就不远了。近日北京举办第七届全国花卉博览会，地点在东郊机场附近，多年来光种树不盖楼，现在蔚然成林，加上各省的花卉（很多特有的植物——如珙桐）精心艺术设计布置的结果，一块块“省市花园”出现了。这次花卉博览会找到这样一块适当的林地，正好提醒我们早点走上“空地公园化”的路，让树木长起来，将长久作为公园是毫无疑问了。

五、想像的“公园”

（一）面积的比例问题

不论原有的自然景观有多好，一旦面向群众成为多数人游赏的“公园”，必不可少的是：①道路，②解决游人饥渴，③厕所。三件事一定要优先解决。其他美的“添加剂”都可以慢慢加进去。

300 多年前，封建社会私人兴造园林，计成在《园冶》的“相地”中指出“约十亩之基，须开池者三，曲折有情，疏源正可，约七分之地，为垒土者四，高卑无论，栽竹相宜。”这短短几句，告诉我们：一块空地上可以有山有水，但水面占 30%，其余的 70% 中用 40% 堆起高低的地形，可以适当地种点竹林。另外还有 30% 未具体说，好像由主人随意安排可也。多年来从江南园林中观察，山与水的比例差不多都在这个框架之内。不过建筑大多临水占据了山景之类的地形变化，相应地也减少了植物的栽植，这是不宜参考的。30% 的水面很恰当。国外流行的水面比例一般常低于 30%。像北京“皇家园林”的大水面不能作为范例，原因之一：那是多年来的天然积水，利用它达到保卫皇室安全的目的；原因之二：是帝王贪图独享，很少为城市居民的休闲考虑。不嫌弃大水面原因已随时代而逝去，不能比照，在人民的世代也绝不能搬用。

（二）植物的种类问题

300 多年前计成的《园冶》（1631 年）问世，书中前后提及的园林植物具名者 20 余种，堪称江南一带常用常见的代表，兹列举其中文名及拉丁学名如下：

松（*Pinus massoniana* 多指马尾松）

杨（*Populus* spp. 本属少数种适生在江南）

垂柳（*Salix babylonica*）

槐（*Sophora japonica*）

梧桐（*Firmiana simplex*）

丹枫（*Liquidambar formosana*）

梅（*Prunus mume*）

桃（*Prunus persica*）

李（*Prunus salicina*）

蔷薇（*Rosa multiflora*）

荆（*Vitex negundo* 多为野生荆条）

萝（*Wisteria sinensis* 多指半野生藤萝）

薜荔（*Manglietia fordiana*，又名木莲，野生）

桂（*Osmanthus fragrans*）

棘（*Ziziphus jujuba* var. *spinosa* 又名酸枣）

竹（*Phyllostachys* spp. 适于园植）

芭蕉（*Musa basjoo*）

芍药（*Paeonia latiflora*）

荷（*Nelumbo nucifera*）

菊（*Dendranthema morifolium*）

芦苇（*Phragmites communis*）

兰（*Cymbidium* 属，多种可在江南露地生长）

（三）种植方式的传统

从古诗文及古园林中可以查索一些古园林中的栽植方式，除零星可读的诗文片段中探知古人所好嗜的植物景观。但很少系统的文字专述植物配置，而且所觅得的片纸文字，也只代表着文人雅士及附庸风雅的富豪们的喜好与情感，真正民间的习尚更缺乏记载。下面仅能点滴申引一些可获的传统手法，为中国园林张目，古为今用。

1. 道路两旁的种植——据史书记载，公元前 246–210 年的秦始皇时代，宫室内外的驰道（骑马或通马车的路）“广五十步，三丈而树”“树以青松”，可以说是最早的行道树记载了。进入园林，视觉的享受提高，《园冶》中出现“桃李成蹊”（蹊是园中小路蹊径），近水的路面高些，防水的道路称“堤”，湿度大，多半“插柳沿堤”或“堤湾宜柳”，园中则“柳间栽桃”，提高了一步。其实唐宋诗中记述路边种花树的诗不少，如宋·戴复古诗《梅》中“几树参差江上路，数枝装点野人家”。就是指江边路上的梅花。古诗太多不一一列举，总之古园林中早已在路边用了许多种观花乔木。

2. 园林庇荫树的种植——温带北部冬季需要阳光，夏季庇荫多用落叶乔木，故《园冶》中多次出现“槐荫当庭”、“梧荫匝地”，但江南不同于华北，夏季也需要“竹树萧森”或“松寮隐僻”、“蕉影玲珑”、“竹里通幽”，在常绿植物里寻觅幽静、清凉，甚至常人不易欣赏的“夜雨芭蕉”也很流行。

3. 野趣横生之美重现城市——郊野淳朴的景色常出现在乡村，远离繁闹喧哗的城市正是城里人的渴望，所以城市公园往往设立“野趣园”，人工仿造乡村的朴素景观，如“编篱种菊”，“围墙编棘”，“团团篱落、处处桑麻”，“围墙隐约于萝间”、“栽梅绕屋”、“结茅竹里”……，《园冶》中多次以村庄郊野的景观提示人造的契机。植物力求野生，地被花草亦不用栽培植物。如北京常见的二月兰（蓝）（*Orychophragmus violaceus*）、紫花地丁（*Viola philippica*）等。游人入内如置身村舍。饭馆供应亦极具农村风味，此中情景在精心设计下，游人乐于前往应无问题。北京市植物园东隅的“曹雪芹故居”的设计即是极具野趣的佳例。

4. 看花何处有——花坛、花境是“舶来品”，古园林怎样看花，还是在《园冶》中找到踪迹。如“花隐重门若掩”告诉我们园门重重由于花种得又多又密，好像把门都遮掩起来了。又如“莳花笑似春风”，“扫径护兰芽”，“片片飞花、丝丝眠柳”……这些春景描写十分生动，说明春风中种花取乐，路边的兰花发芽要保护好，柳树冬眠醒来先散放柳絮（飞花）。园中的色彩被花的渲染可见：“嫣红艳紫、欣逢花里神仙”、“对景莳花”、“柳暗花明”。“繁花覆地”看起来古园林中未提名的“花”还是不少。为了追求自然，《园冶》中提名指出蔷薇不一定上架，可以任它扒在石上（“蔷薇未架，不妨凭石”）。但是种芍药最好有栏杆（“芍药宜栏”）。由此可见古园林中不愿具体谈种花之道，也是不愿桎梏造景之路，而便于达到“宛自天开”的模仿自然。这正是中国园林艺术的精髓所在。

第五章　欧美公园记游

1980 年作者以访问学者名义，驻点访问美欧诸名园，时间长短不一，以后多次出国，参观不少公园，受益良多。既届耄耋之年，赶紧整理旧游之记附诸《论说公园》之后，以便参照，谅有益宜。按英文名首字字母顺序名列如下：

1．Arnold Arboretum（阿诺尔德树木园）

2．Brookside Garden（溪边公园）

3．Chicago Botanic Garden（芝加哥植物园）

4．Golden Gate Park（金门公园）

5．Heritage Plantation（遗产种植园）

6．Huntington Botanical Garden（亨廷顿植物园）

7．Landscape Arboretum（风景树木园）

8．Longwood Garden（朗伍德公园）

9．Naumkeag（“和平的天堂”公园）

10．National Arboretum（国立树木园）

11．Royal Botanical Gardens，Kew（英国皇家植物园，丘园）

一、阿诺尔德树木园（Arnold Arboretum）

美国东北部的马塞诸塞州首府波士顿郊区加麻以卡（Jamaica），平原上有一座附属在哈佛大学的阿诺尔德树木园，是一座世界闻名的活植物的博物馆。这里种植着 7000 种耐寒的木本植物，其中有不少是 19 世纪后期一些勇敢不拔的采集探索者，在东方穷乡僻壤，像喜马拉雅那样的高山上采来的植物，加上欧洲、美洲原产的植物，在这里的气候条件下能成活的乔灌木，渐渐成为既可供人闲逛的风景点，又是供科学研究的教育场所。每季的变化真使人眼花缭乱，已是面向世界的“林地花园”（Woodland Garden）。

1872 年，一位当地（旧称新英格兰地区）的商人 James Arnold 在密歇根州做木材场经营发了财，将他在 Jamaiea 一块 125 英亩（约 50 公顷）土地捐赠给哈佛大学，建立以他的名字取名的树木园。结合附近原有的农田一起共 265 英亩（约 107 公顷），这样就开始建立起纪念捐赠土地者、享誉世界的阿诺尔德树木园。

第一位园长 Charles Sargent，是画家 John S.Sargent 的堂兄弟，也是哈佛的植物学家。C.Sargent 上任以后，聘用了搞园林规划设计的首位知名设计师奥姆斯特德（1822—1903）进行设计，当时波士顿的城市规划正想将各公园连在一起，形成一个绿色的“项链”围着波士顿城。其中就有阿诺尔德树木园。这个计划热烈地讨论了 10 年，到 1882 年，奥姆斯特德在设计图上细致地表现出主要道路和按农田中的等高线划出小路，创造出一幅既简单又使人惊服的风景，包括草原、村庄、山丘和林地，在这里 C. Sargent 愿意种上能适合当地气候的树木，为波士顿居民和各地游人贡献出一个科学的林地花园，他的期望终于如愿以偿了。

树木园开始只有 125 种树木，Sargent 立志要扩大，他用了许多年走遍了欧洲、南美洲、中国、日本、朝鲜，选择他需要的新的美国没有的树种。不久他请到了一位“中国通”：Ernest Wilson 先生，他是英国的植物采集员，强健、热情，说得上是维多利亚（当时女皇）时代的自然科学家代表人物，在全世界旅行，接受英美的雇佣，前后 15 年，走遍了东方偏僻的角落，采到许多美国没有的植物。最有用的金鸡纳霜（治疟疾）就是其中之一。遗憾的是他为了寻觅王百合（Regal Lily）致腿部受伤、终生瘸拐走路。E.Wilson 写了几本书描述他搜寻植物的艰苦历程，最动人的是他连续走了 22 天的路和许多历险的故事。他采到的植物也分赠给美国上千种。1927 年阿诺尔德树木园给他一个管理员（Keeper）的职称。E.Wilson 在他的书中写道：“园子不论大小，它的工作人员的队伍中包括志愿者，或多或少要有一种志愿，在采集植物的光辉足迹可能埋骨异乡，而他的贡献永远活在娱人的风景之中。”这句话意义深刻。现在在美国十分常见的树木，如四照花（*Cornus*）、合欢、海棠、大量的杜鹃花……都是 E.Wilson 和当时的植物猎手们（Plant Hunters）在艰险的历程中逐步引种而来。树木园一直保留着这个勤勉的传统，新的主任虽然换过几次，植物种类却不断增加。如树木园引入 1941 年在中国四川发现的化石植物水杉（*Metasequoia glyptostroboides*），这是早已认为绝种的植物，用种子繁殖的树苗却同 2 亿年前的形象（化石）相同，生长很快，如今树木园一进大门就可以见到已达 30 米高的水杉，在附近的弗吉尼亚州的许多城市也都生长良好。

在奥姆斯特德的精心设计下，C.Sargent 立意将从各地来的植物按属（Genus）分别种植，成立各属的搜集区，这在自然界是不可能的，同时也方便相互比较，为植物学创造别出心裁的聚会。结果很好，流传至今仍为世界各植物园采用。就槭属（*Acer*）而言，其中有日本的、中国的、美国的，多年搜集的结果已有 130 多个种（Species），这个搜集区不仅供游人得到美的收获，而且这里成为世界槭属的总汇，人们一进大门就能见到道路两旁的槭树林。此外，人们从一条普通的小路就能见到来自中国黑龙江的黄檗（*Phellodendron amurense* 芸香科）它下垂的弯枝，已被几代的小孩们扒光了树皮。旁边更大的还有鹅掌楸属（*Liriodendron* 木兰科）、连香树属（*Cercidiphyllum* 连香树科）、椴树属（*Tilia* 椴树科)的搜集区。小路交错可以引导游人进入杜鹃花属(*Rhododendron* 杜鹃花科)、山楂属（*Crataegus* 蔷薇科)、紫茎属（*Stewartia* 山茶科)、冬青属（*Ilex* 冬青科)、松柏类（*Conifers*）和铁杉属（*Tsuga* 松科）等。在许多尖塔形的松柏类中，有一座用木板条钉的小屋，里面全是搜来的古老盆景（Bonsai)，据说最老的一株已经超过 200 岁了。

阿诺尔德树木园的内容每季都有特色：春季一开始展现出美国最大的连翘属（*Forsythia* 木犀科）搜集区，跟着就是四照花属（*Cornus* 山茱萸科)、樱花、海棠、玉兰、杜鹃花……连着开花不断。全园的东北部因全是丁香属（*Syrnga* 木犀科）取名丁香区，从 1876 年就在丁香盛开的一周取名“丁香周末”(Lilac Sunday)，游人在这里可以欣赏到紫色、蓝色、酒红色、粉红和白色的丁香。连续 5 周直到五月中旬，盛极一时。

夏季到来绿荫匝地，椴树、紫茎相继开花，沿着一条“中国小径”(Chinese Path) 引导游人进入亚洲来的树种区，如古封建时代为太子坟墓守门的栾树(*Koelreuteria* 无患子科)，带着金色的花来到了波士顿，像鸽子趴满枝头的珙桐(珙桐科 *Davidia*)也出现在这里。花像瓶刷子一样的七叶树(*Aesculus* 七叶树科)，和一大团由粉变淡蓝的八仙花（*Hydrangea* 绣球科）都相继开花。

秋季更是多彩的季节。山茶科的富兰克林木（*Franklinia Alatamana*）落叶树开白花十分稀有，最丰富的是看红叶的槭树科槭属（*Acer*)，黄褐色的壳斗科各种栎树（*Quercus*)，和珙桐科的蓝果树属（*Nyssa*)，秋叶金黄的银杏属（*Ginkgo*）落叶松属（*Larix*)，红黄相映，园景极美。

冬季观果的有杜鹃花科的白珠树属（*Gaultheria*)，再就是冲天的各种冷杉(*Abies*）之美了。

要看树木园的全貌,非慢慢欣赏不可。而且每季都来才行。除去活植物之外，这里还是学习、研究的国际中心，富藏的干标本十分重要，图书馆更是周全多样，同时面向公众开展多种教育节目，利用广播及电视播放，对普及植物科学起到很大的作用。

二、溪边公园（Brookside Gardens）

美国马里兰州有一块首都华盛顿特区，特区的西北角约 19 公里处有一个五六万人口的小镇“Wheaton”,它附近的地形稍有起伏,散布着一些水塘和溪流，自然景观很好，镇上取名这里为“公园区”(Park Zone)，其中一块约 20 公顷土地（50 英亩）通过设计施工即成为现在开放的“溪边公园”。

设计溪边公园的是 Hans Hanses 先生，曾留学德国和瑞士，他按欧洲的美学观点，并不采取当时当地流行的历史风格，到 1969 年按他的设计施工完毕即

图 5-1　阿诺尔德树木园主要入口（美国波士顿）

图 5-2　阿诺尔德树木园藤本植物及落叶阔叶树展区

图 5–3　阿诺尔德树木园每年引种世界各地种子上万种，图为设备完善的引种温室

图 5–4　阿诺尔德树木园引种成活的树木在开花后才展出，图为 Weston 分园

开放游览，距今已有40多年的历史了。

这座溪边公园中有树木园、草花园和温室，游人都很喜爱这里，设计者围绕着水边安排着规整的和不规整的自然景观，但两者之中隔着大片的草花、草地。总计全园有11个景区，每区都有它的特色。如专种本国树木的一区；另有专种外来树种的一区；杜鹃花区搜集了几百种常绿和半常绿的杜鹃，每年3–6月开花不断；郁金香花区种植了15000株各色的郁金香和春花的球根植物；还有家庭花园示范区，向参观者展出各种小型花园的示范，使他们获得参考或契机；多年生宿根植物区5–10月各种开花不断；平缓的坡地上有紫藤花架，喷水池有各式喷泉，6月份极美。蔷薇园搜集了全美的月季品种，每年补充新品种，四周用松柏树及禾草类围起来，衬托着开花不断的月季花朵，芬芳而美丽，这里的游人最多。Hanses还设计了一块专门纪念一位闻名的苗圃工作者，Adolph Gude，选一块沿湖的稍有起伏的土地，约3.6公顷，栽树种花全用日本式风格，水边还建了一座水榭状的茶室，供游人坐憩，取名Gude园。另有荚蒾区专种忍冬科荚迷属（*Viburnum*）内的种、变种、品种，花大而绚丽；水景中种植许多种粉色荷花，一直开到九月；还有芳香植物区，许多植物的茎、叶或花能散放香气，或触摸后闻到香气，也很引人流连。

冬季来临，室外花卉很少见，冬园内展示有色的树皮，或挂在枝头的果实美也受欢迎。温室内更是冬季最耐人寻味的景点。

图5–5
美国华盛顿特区溪边公园入口

图 5–6 溪边公园溪流蜿蜒树林密茂

图 5–7 溪边公园十月秋色正浓，菊花盛开

三、芝加哥植物园（Chicago Botanic Garden）

美国中西部的风景柔美，有较多的平视远眺的景点。芝加哥植物园的建造正好利用和发挥了这里空间所具有的这些优点。它设立了约 24 个景区吸引着游人入内，例如在矮生松柏园就自然地吸引进入水生植物园，尤其有一处能俯视全园，能一览无余更是非去不可了。因此去过芝加哥植物园的游人无不留下平和难忘的感觉和印象。

整个植物园的风景是由一个大型的潟湖（Lagoon）构成的，广大的水面像一个调色板，使许多景点串联起来，它使全园的风景流动起来。日本园的水不流，使人倍感静谧，但叠泉瀑布游人感到力度无穷，水边芦苇丛生，显得一派朦胧野趣，秋季红槭招展倒影成双，水中的点点睡莲如飞蝶狂舞，喷泉按时喷射一如教堂的老信徒，周边的李花盛开时，像姑娘们轻巧的裙子随风随水漂荡……。植物园的水平景观并不能一览无余，是由起伏的小山丘、小路崎岖组成的，这正是微妙的笔触，提醒那些心不在焉、漠然信步的游人探路寻幽，一定能唤起他们发现新景区的惊喜之感。

芝加哥植物园在芝城西北 28 英里（约 45 公里）的郊区。1972 年正式开放，据说是按回忆中国苏州一个知名的岛园仿造的（缺原名）。总面积 385 英亩（约合 156 公顷）。其中水面占 75 英亩（约占 19.5%），水体中有 9 个小岛，总的种植量在百万株以上（有数岛四面临水不通道路）。全园不同内容的 24 个景区中最美的是“瀑布园”，这里层层叠泉滚流石上，十分壮观。一座小桥在十几米的叠泉旁通过，桥边净是开黄花的驴蹄草（*Caltha* 毛茛科），粉花的龟头花（*Chelone* 玄参科）和柔弱的漆树，湖边都被树木包围着，春夏树林里开满野花，秋季则被金黄的榛子、猩红的槭树和褐色的栎树渲染得十分热闹。

五月来临，全园有六个“空间”展出英国式的“墙园”（Walled Garden），游人在这里如进食节日的盛餐，大量的花卉观者眼福不浅。有的种在花坛，有的种在盆里，如羽衣草（*Alchemilla* 蔷薇科）、毛地黄（*Digitalis* 玄参科）、雏菊（*Bellis* 菊科）和婆婆纳（*Veronica* 玄参科）等，及好几百种别的花卉。号称“英国式栎树草地”的斜坡上，用几行异叶山牵牛（*Thunbergia* 爵床科）、向日葵（*Helianthus* 菊科）、百日草（*Zinnia* 菊科）、和紫花的美女樱（*Verbena* 马鞭草科）点缀在草地上。称为“乌德环形花园”（Woud Circle Garden）的景区内全种些年生花卉，自春迄秋万紫千红开花不断，如深红色的大丽菊（*Dahlia* 菊科）和金黄色的鞘蕊花（*Coleus* 唇形科）等，加上亭亭直立的红豆杉（*Taxus* 红豆杉科）、日本扁柏（*Chamaecyparis obtusa* 柏科）显得气势宏伟。

“日本园”以它小心修整的松树、樱花，春季来临时开花如云似雾，令人蔚然欣喜，秋季红枝条的红瑞木（*Cornus* 山茱萸科）为晚秋增色。这里有坚忍耐寒的，也有柔和脆弱的，互相搭配勉励游人。大量的叶片掩没了山石，突出的岩石又把叶片分开，二者交错十分自然。夏季广袤的搜集区有百合属（*Lilium*）和萱草属（*Hemerocallis*），都含有变化无穷的变种（var.）和品种（cv.），不胜枚举。游人沿着水边曲折的小路，最好在晚夏能从这里发现“草原”（Prairie）景观，野草开始变得金黄，紫花的斑鸠菊（*Vernonia*）、紫菀（*Aster*），还有太阳光下特显明丽的一枝黄花（*Solidago*）。

图 5-8　美国芝加哥植物园科普教育中心室内景观

图 5-9　芝加哥植物园温室群，每室温湿度不同，适应世界各地植物

芝加哥植物园还设有“濒危植物”(Endangered Plants)区和能耐城市不良气候(harsh weather)的优新品种,有荚迷属(*Viburnum*)、白蜡树属(*Fraxinus* 木犀科)、钓钟柳属(*Penstemon* 玄参科)等,很多。另外,最大的一个岛中央建筑物作为教室、图书馆和供普及科学教育用的许多温室,为园艺学繁复的内容传授知识。游人在此聚集很多。

另外一个展览区专供视觉残障或乘坐轮椅来游的人欣赏,有球根类、蔷薇类、蔬菜类、草药类和一些岩石植物,加上喷泉、雕塑。值得一提的其中有植物分类学中发明系统分类法的林耐(Carl Linnaeus,1707–1778)先生的雕像,这在植物园内是不可少的纪念人物。

四、金门公园(Golden Gate Park)

在美国旧金山半岛上有一个闻名的“金门公园”,占地411公顷(1070英亩),原来是海边陡峭的小山,地形起伏,不适于居住和修路。1870年有人提出改造为公园,造林、开游戏场,尽量利用这里的野趣,消灭原有的风沙和尘埃。这个建议经过一个世纪的改造,美丽的金门公园出现了。

图5–10
金门公园内Strybing树木园大门

图 5–11 金门公园入口内活动花坛

图 5–12（左）
金门公园内路边熊妈妈喂小熊石雕

图 5–13（右）
金门公园温室建于 1878 年，种植热带植物及睡莲

开始设计的是善于幻想的工程师 W.Hall 先生，他首先种了 6 万株桉树、松柏树，将海边的沙滩、沙丘先固定下来。然后大面积造林，种了 275 公顷的树林，建立了 12 个园区、10 个牧场，和沿着 14 个湖沼建立的疗养区，接近大海的部分既可以聆听海浪的波涛，又能欣赏到大量的球根花卉和宿根花卉，风力抽水机也在这里显示着荷兰的农村风光，并解决植物灌溉用淡水的需要。

1878 年向英国丘园学习，建造了温室，里面种植棕榈类、热带兰和球根秋海棠（*Begonia tuberhybrida*）的许多品种。1894 年在这里举办国际博览会时留下一些日本茶社的建筑园占地 2 公顷，其中有水池、溪流、日本樱花、日本松树、槭树、竹子和茶花等。一派日本禅园的味道。

值得一提的是该园 1890−1943 年充当总管的一位苏格兰人 John Mclaren 先生，他喜爱杜鹃花，就在园内选址，以他的名字取名“麦克拉润杜鹃谷”，在这 8 公顷的土地上种了 350 种和品种的杜鹃花，以后又陆续增添了 170 多种，他独自住在这里，苦心经营照管，在美国的公园史中一直是令人夸耀的美谈。

公园的东部，红杉（*Sequoia*）林中有玉兰、月季、大丽菊、吊钟海棠等点缀，最醒目的是莎士比亚纪念园，这里特别种了莎翁诗文中提过的植物，如乌头（*Aconitum*）、紫杉（*Taxus*）等，见物思人很有纪念意义。另外附近有一块专门为救助他人而牺牲的人们的纪念谷，取名“Aids Memorial Grove”，种植松树、罂粟和许多蕨类，是一块肃穆的山谷。后人深羡他们的牺牲精神。

这个大公园没有围墙，四周随意出入，游人与行人是分不清楚的。空地消失在美丽的花草树木之中。更在路边可以发现可爱的动物雕塑小品。

五、杜鹃遗产种植园（Heritage Plantation）

传统的种植园是美国的露天博物馆，是极不平常的总在复杂的变化之中。但到了每年的六月，许多都浸染在杜鹃花的海洋之中。在波士顿南部的 Sandwich 城郊的这块 75 英亩（约合 30 公顷）的土地上，全是杜鹃花属（*Rhododendron*）的 Dexter 杂种群，敷满稀疏的林中，显示着粉红、杏红、白色和紫堇色的花朵，是一处闻名的杜鹃花 Dexter 杂种种植园。

所谓“种植园”是指那里种的植物种类少、数量多。多按园主的嗜好喜欢什么就种什么，有时传给下一代继续搞，其实也跟公园差不多，开花时欢迎参观。至于这个“Dexter”杜鹃花杂种群的来源，是有一位 Charles O. Dexter 先生，他是成功的工厂主，退休之后在马塞诸塞州的科德角（Cape Cod）买了一个农场，他在这里从 1921−1943 按他个人的喜好，杂交杜鹃花中一个云锦杜鹃亚属（Subgenus *Fortunea*），都是常绿、无鳞、大形叶片的大花种类，消磨了 22 年，与阿诺尔德树木园的专家如 E.Wilson 和 C.Sargent 合作，育出大量的优良品种，

图 5–14　杜鹃遗产种植园内 Dexter 的育种成品

经过多年的调查，明确这些优良品种的来源才取名 Dexter 杂种群。直至死后，他的遗产和功劳才得以彰显。

1967 年一位药材厂的大佬 J.K.Lilly 购地建一座博物馆，专为他家搜集：小型军事玩具、老式手枪、古代的车辆和早年美国的艺术品、手工艺品等。至 1969 年这座传统的杜鹃花种植园正好充做要建的博物馆的园林基础，于是在此又继续研究和寻觅 Dexter 杜鹃花杂种的工作。至今为止，园内已将 145 个 Dexter 育出的杜鹃花杂种中的 125 个搜集到了。

园内的风景可以见到崎岖的小径环绕着湖塘，路边种满了杜鹃花，穿过林子还有落叶杜鹃、山月桂（*Kalmia* 杜鹃花科），山上种着冬青（*Ilex* 冬青科）和树下耐阴的玉簪花（*Hosta* 百合科），固然春季花色艳丽，但夏季八仙花（*Hydrangea* 绣球科）和大量年生花卉铺满地面，加上约有 500 个品种的萱草（*Hemerocallis* 百合科）由美国萱草协会提供的全套品种，使这个种植园更加闻名而出色地引来许多游人。

尽管室内展出的实物与植物无关，室外的杜鹃花仍然驰名，种植园仍像公园一样开放着。

六、亨廷顿植物园（Huntington Botanical Garden）

美国加利福尼亚州圣马利诺（San Marino）城，亨廷顿植物园是以收藏家 Henry E.Huntington 的名字取名。他收集实物财产和商业企业，包括书籍和艺术品，至于搜集植物也是一丝不苟。先是在这片 150 英亩（约 60 公顷）的园地上种满几万种活植物，搜集有关的图书。正说明亨廷顿其人对搜集具有无止境的爱好。

亨廷顿登上幸运的旅途开始于 1892 年，他在加州南部以一个梦幻中的企业家想法参与建铁路、修太平洋电力公司等许多有潜力的开发事业，他的影响逐渐扩大到洛杉矶达 10 年之久，从而作为收集家打下可能的经济基础。1903 年他买了 600 英亩（约 242 公顷）的大牧场，那里有美丽的自然风光，远处有盖着积雪的山顶、垂直的峭壁和大块的平原。这时他特别感到文化的商业性和必要性，致力于搜集图书不遗余力。1909−1911 年间他盖起漂亮的公寓大楼，专门收藏艺术品。1920 年盖起图书馆，到 1927 年亨廷顿逝世时，已收集各种图书 400 余万册（和手稿），对文化的贡献极大。1928 年这座收藏丰富而完美的图书馆及花园都对公众开放了。尤其是植物的布景，他坚持搜集大量的植物种类，使园艺科学与艺术融合在一起。作为植物园，亨廷顿在 1904 年即请一位德国的园艺工作者 W. Hertrich 指点着一些雇工渐渐实现他们的各种想法。例如亨廷顿提出要种成年的大树，达到那里像一座已成形的花园，于是 W . Hertrich 即去很远的地方去寻觅理想的树木，用船运甚至修筑临时的铁路支线运回。又例如 W. Hertrich 建议种植有刺的仙人掌类多浆植物，虽然亨廷顿从小就不喜欢多刺的植物，也变得同意照办了。

当时很明显按亨廷顿的想法要将全园分 15 个区，各有不同的内容和情趣。例如有一区学意大利用欧洲巴洛克（Baroque）式艺术风格的复杂喷泉为中心，在草坪上修许多小径，路边种上杜鹃花、茶花和棕榈，引导游者向北能见到北部的山区。另外有一区以纪念英国莎士比亚为主题的园区（The Shakespeare Garden）。其中的植物大多是沙翁在著作中提过的植物，如仙人掌、石竹、罂粟等。

蔷薇园（Rose Garden）是不可少的，在 3 英亩（1.2 公顷）土地上种了各种蔷薇 4000 株，包括 1800 个种与品种表现出近两千年来蔷薇属（Rosa）的变化，有花坛、花架、树状整形等各种形式的种植，从古希腊到近现代一如大百科全书一样顺序，将实物展现给游人，了解到发展的历史。

有引人入胜的“百草园”（Herb Garden），里面种的都是有各种用途的植物（草本），最熟悉的食用植物（包括葱、姜、蒜……）、药用植物（很多中草药）、染料植物、化妆品植物等，配上各式的喷水设备，观者无数。

1905 年建起棕榈园（Palm Garden），一如城市中的精品画廊，将主题植物和周围的风景按美学安排在一起，来自热带的棕榈只部分能适应洛杉矶的气候。大约种植了200种，如常吃的伊拉克蜜枣（*Phoenix*，刺葵属，棕榈科）、鱼尾葵（*Caryota* 属）、果冻棕（*Butia* 属）、蒲葵（*Livistona* 属）等。

南半球的植物景观比较特殊，这里辟一个澳大利亚园（Australian Garden），其中种了150种桉属（*Eucalyptus*）散发芳香的乔灌木，和南半球的金合欢（*Acacia* 属）、红千层（*Callistemon* 属，桃金娘科，又名瓶刷子树）和袋鼠花（*Anigozanthus* 属，血草科）等。袋鼠花爪状有绒毛，北美人大开眼界。

亚热带植物区（Subtropical Garden）种植地中海一带的植物，还有南非、中南美洲（如阿根廷）和东南亚等地，种类很多，如紫葳科的蓝花楹（*Jacaranda*）、樟科的肉桂（*Cassias*）和苏木科的羊蹄甲（Bauhinia）等，这些植物的树皮粗皱很像躲在丛林中的象皮。树下净是些凤梨科、姜科、兰科和蕨类植物，夹杂在大小瀑布之间，有不少水池，池中生满睡莲，池边有竹林，总之这一片风光可以说得上是全园最美的一区。

最大也最精心制作的园子要算日本园（Japanese Garden），当时正是亨廷顿娶第二个妻子Arabella的时候，建造日本园的意思是唯恐在繁华的东海岸住惯了，会感到西海岸荒凉冷清，所以建一块异国的园景以求乐趣。其中种东方常见的杏、樱桃、紫藤、玉兰，加上日本式的农舍，屋里放置19世纪日本明治时代（1868-1912年）的家具，屋外有塔和石灯笼，简直是一座静雅的禅园（佛教寺院）。一条小溪，半圆的桥孔倒影如月，游人在此按砾石上耙出的曲线印痕可以获得冥想和灵感。

还有一个少有的沙漠园（Desert Garden），面积15英亩（约6公顷），其中种植旱生植物约5000种，另外3000种种在该区的温室中，目的并不是展示沙漠景观，也不是W.Hertrich要显露他的才华，而是为了创造奇幻，利用稀奇古怪

图5-15　在白砾石中耙出的水纹曲线从而得到冥想和灵感

图 5–16　亨廷顿植物园早年移来的龙血树（*Dracaena draco* 百合科）

图 5–17　亨廷顿植物园北部两列 18 世纪的寓言家和神话家的雕像围绕着茶花园

的植物形象加重全园的表现声望和气质。例如种植大树状的仙人掌科植物冲天柱（*Cereus xanthocarpus*），它本身的体重一株就有15吨。主干上的空隙可种景天科景天属（*Sedum*）的植物（多浆易活的草本）就足够60个花坛使用。这种共生的奇景在这里出现了。还有龙舌兰科的龙血树（*Dracaena*）百年前就移来了。

在柠檬桉（*Eucalyptus citriodora*）林中，一块花岗岩的古式墓碑上刻着Henry E. Huntington的名字。白色光滑的树干上流逝着令人怀念的、致力于自然科学与艺术优美结合的锻造者一生。

七、风景树木园（Landscape Arboretum）

风景树木园位于明尼苏达州，是美国中西部平原区最北端的一所植物园。其中能见到条状的大草原景观，并穿插着色彩丰富的几何式花坛。大面积的树木组合中夹杂各种草本植物的搜集，既是花园式的展出，又是研究北方植物的地方。从这里了解到在北方的气候条件下（−35℃）适宜的植物种类，又是一座技术情报交流的场所，很好。

风景树木园自1958年开放游览，面积有939英亩（约380公顷），含有许多景区，最受欢迎的是1985年建成的“家庭花园示范区”，该区有9块不同的展示，供参观者体会一下生活在那里得到生产与风景享受的乐趣。有的实例能在很小的范围内或任何情况下都能仿造。如小型植物的盆栽培养、在有限的土地上设花坛、家庭花园内如何种蔬菜、果树，或家用的草本植物和切花等，都有示范，供游人参考。

夏季，这里的中心环节是一二年生草花，其中有各种颜色和栽植的方式，年年都在变化中，因为游人年年都来参观，不能重复不变。对常来的游人正要反映出每年不同的创造性和主题。例如这一年用一种银色花种成钻石的图案，下一年换一种花和图案，尤其多年生宿根花卉中能选出很多醒目的花朵并能度过北方严酷的冬天，此外他们每年还有新育成的品种参加展出。

一些家庭的子女、附近的中小学生、各校教师们组织的“学习中心”……，许多对植物学感兴趣的人们，利用周末或空闲来这里接触自然科学和园艺学。树木园里的“大草原”正是整个明尼苏达州千万亩天然大草原的缩影，人们可以方便地见到仿真的树木与禾草类野花组成的大草原（Prairie）。

树木园里有3英里（约合4.82公里）的汽车路分散着10个停车场，每个停车场都毗连着一个景区。每逢开花季节，入门时可以告诉游人第几停车场最好（步行者禁止入内）。各种花卉的搜集区（Collection）如海棠区、杜鹃区、丁香区、绿篱植物区、垂枝植物区等。最引人入胜的是全美玉簪协会授予展出种类

图 5-18
风景树木园唯一的主楼

图 5-19
风景树木园主楼内科普橱窗每月更换

图 5-20
300 多品种海棠盛开时极美

图 5-21　风景树木园按观赏性分区种植，曲径通幽

图 5-22　极耐寒的细叶牡丹（*Paeonia tenuifolia*）

图 5–23　1900 年以前流行的月季品种一律称 Old Rose（老月季）辟专园集中欣赏

图 5–24　一二年生草花作为活广告争相种成花坛

图 5–25　风景树木园育出耐寒杜鹃品种 'Nothern Light' 能在 –35℃下越冬

最丰富的玉簪花区。至于传统喜好的古月季品种，也辟专区展出称为 Old Rose Collection，很有趣。还有百草园（Herb Garden）、岩石园等，显示着各种园艺技术及经验的水平。

这里的工作者很愿意游人从这里获得教育和美的感受，所以全年安排了许多活动，如课堂科学、技术操作表演，植物都挂上名牌帮助认识植物等。还有一个私人捐赠的"Andenson 图书馆"，那里不仅有大量与植物有关的图书，还有电脑供游人查阅栽培方法和购买的处所。总共这个树木园将 47000 种植物的资料都贮存在电脑里，供游人免费查阅。

20 世纪 90 年代园里又增加了一块日本式的"雾凌园"，面积不过 1 公顷，里面弄些瀑布、石塔、假山、小岛等，似公式化的一套禅园的布景，不含植物学的科学内容。

对树木园四周的中小学，有专门设计的车辆，载着大量的挂图，讲解员开到这些学校去展出和演讲，并组织自愿报名的学生，周末到树木园来亲自动手种植蔬菜或花卉，收获自享。这个活动对儿童体力劳动和增加知识，意义匪浅。值得学习。

图 5—26
全美玉簪花协会在风景树木园内建玉簪园品种齐全

图 5—27
风景树木园主入口朴素大方

八、朗伍德花园（Longwood Garden）

杜邦（Du Pont）家族以制造化学火药而闻名世界，同时也为美国创建了十分美致的花园。如朗伍德（Longwood）、尼木尔（Nemours）和温特组尔(Winterthur)等，都在宾夕法尼亚州与特拉华州之间，相隔不足 10 英里（约 16 公里），一块名为“白兰地酒谷地村”(Brandywine Valley)，都是十分可爱的美丽花园。

1802 年许多法国的贵族移民到美国来，正是杜邦家族走运的开始，当时美国是第三任总统杰斐逊（1743—1826）时代，他在白兰地酒谷村的河边建立一座火药厂。厂长家在火药厂附近，他家的厨园（Kitchen garden）花朵开得很茂盛，一些还是外国引种的、攀在架上的果树，不少是法国进口的种子开出的花卉。100 年以后，早期移民来美国的孙子如比尔 · 杜邦（Pierre S. du Pont）建立起现代化工业集团，也开始创建朗伍德花园，祖孙同愿。

如今的朗伍德花园看起来正像是欧洲的堂皇和美国的独创相结合的形式。这里有华丽的喷泉，丰富多彩的温室，堪称美国最大的花园，足以能同欧洲人工布置的水景园和花园相媲美。它周围总共有 1050 英亩（约合 425 公顷），里面有天然林，林下有野花，能放牧的牧场，零散的湖沼，和仿英国当时流行的规整式花坛，季节到来，万紫千红，差不多 11000 种植物在这里争艳。

1902 年比尔 · 杜邦大学毕业，同时掌握了杜邦公司的所有权，时年 32 岁。又过了三年，他用 16000 美元买下了附近的肯尼特（Kennett）广场，和属于派尔斯公园(Pierce's Park)的 202 英亩田地和林地。他的地产从此又扩大了上千亩。其中岗峦起伏配合着山林树木。他将这里作为基督教的贵格派(Quaker)活动地，取名“朗伍德贵格会祈祷会址”。这就是“朗伍德”一名最早的起源。地下电车站也在此设“朗伍德站”，方便游人。

比尔·杜邦的性格过分注意细节和不听他人的建议自以为是，已尽为人知，所以园内的每件小事都要由他决定。实际上他在家里只读了极浅的园艺小册子而已。得到一点点概念就干起来，从不搞什么总体规划，有一次甚至说：“一个大花园一定要像一个杂货铺（Wanamaker），让一些喜欢传统的游人感到古怪（Eccentric）。”他的话至今为止都认为是对郎伍德花园最恰当的描述。

1907 年比尔·杜邦为这座花园第一次设计了一条 600 英尺（约合 183 米）长的直线花坛沿着道路，他自己说这是“老式的直线道路配上黄杨边的花境式花坛”。里面种上他家欢喜的许多一二年生和多年生草花，从四月一直开到霜冻。春天开过一阵球根花卉，夏季换上一茬紫花的三色堇，秋天换菊花，然后他增添一些特别的“内容”。如变成“日规园”（Sundial Garden），“蔷薇园和蔷薇花架”。1915 年他同表妹 Alicia Belin 结婚，比尔·杜邦在朗伍德开始建设他的杰作：喷泉和温室。这时他感到已是全世界的首富，而且是杜邦公司的总经理，各种活动的总头目。

通过培训加上比尔的爱好，使他成为一位特别喜欢喷泉的工程师。1876 年比尔小时候在费城的一个纪念馆里见到装在室内的抽水机，十分感兴趣地了解了控制的系统，以后又去法国和意大利旅行，参观了许多水利方面的奇迹。他十分尊崇欧洲，别的事都不关心，只对巴黎凡尔赛宫园里水路系统的配置比例，细心思考用现代的技术工艺更提高了一步，从而在世界上造出像朗伍德这样细致而十分特别的观赏水景工程。

在朗伍德花园里最先驰名的喷泉是“剧场喷泉”（Theater Fountains）。整体是一个露天剧场，专供亲友夏天来听音乐或观戏剧演出，能容纳 2100 座位。表演台的后屏幕用 10 英尺（约合 3.05 米）高的一片喷出的水当幕布，同时现出彩虹，再后衬着 15 米高的水柱冲向天空。

在 1927 年比尔又建立一个仿意大利式的水景园（Water Garden），按佛罗伦萨名为干伯利亚的别墅花园中水景的布置，重现在朗伍德花园。其中有一条椴树的小路围着水池，非常安静和清新，恰与附近喧闹的喷泉形成强烈的对比。

在法国和意大利的古城堡（Château），如凡尔赛宫园、佛乐威园（Vaux-le-Vicomte）等，往往一条道路装上百个喷头。比尔·杜邦看了之后 1931 年创建了他自己设计的“大喷泉园”（Main Fountain Garden），他选在温室前一块 5 英亩（约合 2 公顷）土地上，种植大量黄杨和挪威槭（*Acer platanoides*）在两条河的沿岸。还建了两个圆形水池和一个很大的长方形水池，这些水面中安装了 380 个喷头，另外用有色灯光照射的彩色喷头 674 个。比尔的想法是能见到“液体的火”（Liquid fireworks），最高能喷到近 40 米。夏季一天喷三次，一万加仑水很快即消失在空中。

比尔·杜邦将园内的玉米地全改成树林，要种 500 株大树，于是日以继夜从马塞诸塞州、密歇根州和佐治亚州购运而来，保证他这次铺张而自认为漂亮的表演。如今诟病当时的经过仍觉很有狂趣。尤其是夏季，游人可以见到奇幻的喷泉，液体的火柱，听到悦耳的音乐，享受到大树的荫凉。狂人的愿望实现了。

喷泉之外，杜邦家族对朗伍德的治理还明显地表现在逐步建成 4 英亩（约 1.6 公顷）相互毗连的大温室。植物都养在玻璃之下，分成 20 间不同的内容。如最先建成的是柑橘类及近似植物的展出，1921 年建造藤本植物及树状藤本的展出。这里有 40 英尺（约合 12.1 米）高的屋顶和许多隔墙，都装有玻璃，逐年增加的建筑面积和植物都旺盛地生长，尤其柑橘类均长成大树开花结果，全国闻名。树木之间终年有碧绿的草坪。1–4 月举办迎春花展，有水仙、洋水仙、郁金香和无数的复活节百合、夏季开花的三角梅（*Bougainvilleas*），倒挂金钟（*Fuschias*）、紫薇、凤仙花等，室内充满各色的花朵。11 月朗伍德开始举办闻名的菊花节，游人能见到 15000 朵不同品种的菊花。

图 5–28　朗伍德花园礼品部出售种子及鲜花等

图 5-29　朗伍德专门展出得奖月季的品种温室

这里工作的园丁都通过各方面的技术训练，能使植物的造型美观，如盆栽、培土、修剪、悬篮的制作、节日的摆设。每逢感恩节、圣诞节植物尤为丰盛，包括各种兰花、盆景、蕨类、棕榈、银色叶植物、地中海植物及室内儿童花园等。还有异趣横生的迷宫园（Maze）、叠泉园（Cascade）和巴西雨林中弄来的奇特植物……。这里都是20世纪90年代由美国人Roberto Burle Marx设计的。

温室外面的空地很大，这里建了5个园地专种睡莲、王莲等水生植物，最大的王莲叶片直径将近2米，上面可载150磅（约68千克）重物。

朗伍德展出植物、研究植物、品评植物，进行植物的教育。让我们感谢比尔·杜邦慷慨的捐赠。也感谢这位狂人的嗜好，给世人建造了稀有的美景。

图 5–30
朗伍德的直线花坛正在换花

图 5–31
朗伍德直线花坛终端以花灌木收尾

图 5–32
朗伍德花园一代主人酷爱喷泉，集世界喷泉的精华，加饰灯光，夜间形成奇幻景观

九、“和平的天堂”(Naumkeag)

美国东北部马塞诸塞州西部小城 Stockbridge，1885 年有一位 J.H.Choate，原是纽约州的律师，曾担任过美国驻英大使，他想夏季在这里修建一座休闲的地方，能达到 26 个不同的室外空间，称之为“和平的天堂”，用当时的印第安语“Naumkeag”为名，每个空间称为“Room”(房间)。他请了闻名的建筑师 Stanford White 承担设计建造。我们现在眼前的这座“天堂”，是差不多费了两代人、两个工程师毕生的精力完成的形象。

先经手的园林设计师是 Nathaniel Barrett（1896–1905），他造的结果是仿意大利托斯卡纳（中西部地区）的形式，按地形分成上下二层，中间用一条种有双行侧柏的道路隔开，如今树已长大，印象十分深刻，仍是两层。

1920 年代中期这位律师去世，继承人是他女儿 Mabel Choate，她立志造一个她在世界旅游中最喜爱的形象能在此复制出来，于是她请了当时顶极的设计师 Flecher Steel，他俩合作了 30 年。由于 F.Steel 受欧洲立体派运动的影响很深，又不喜欢别人称赞园林是“用花卉要的花招”。所以造成的结果将园林变成一座风景的雕塑，将规整式(Formal)和自然式（Informal）的成分融合在一起，使园林具有幽默的趣味。时值 20 世纪初期，当时正流行着艺术与建筑之间存在着一种空间的诱惑力，循着这个原则造成的正是我们眼前的这块“和平的天堂”。

Mabel Choate 读了当时的小说，美国西部又传来一种造园的理念，认为造园就是造“露天的房屋”。F.Steel 设计跟着这个意思结合 Mabel 的意旨造出一系列的所谓“室外之室”。最闻名的“午后茶园”(Afternoon Garden)，地点在主建筑的西南角，采取俯视一个安静的村庄和山野的位置，按上几根威尼斯（意大利古城名）式石柱，顶部涂上红色及蓝色，柱顶像帽子一样刻成叶片的形式，旁边一堵红砖的矮墙，引人在此陷入空想(Fanciful)，柱子上爬着铁线莲(*Clematis* 毛茛科)、五叶爬山虎（*Parthenocissus* 葡萄科)。路边埋入两排没有树皮的栎树(Oak）都是从波士顿海湾涝上岸的死树，在此形成透视远方的框景。

这个所谓“Room”的中心是一个卵形的水池，边上装一排黑色玻璃，假装水池的倒影，水池边上还种了不少钝叶冬青（*Ilex crenata*)，按法国的形式修剪，并有扇形喷头从绿篱群中喷出水柱，借此引发下午在此饮茶者的趣味。

1955–1956 年在世界的趋势下，F.Steel 的设计观也出现了展示月季花的蔷薇园，他用有色的砾石盘旋曲折，弄出 16 个种植蔷薇的花坛，常年有红色、粉色、黄白色的丰花月季（*Rosa floribunda*）花朵，从高处俯视异常绚丽。

F.Steel 是成功还是失败？他的答案是：“用打破常规的手法来安排造景材料，排列不同的空间和实体，花园才能变成‘和平的天堂’”！这是他没有规律的规律，似是狂人的作为。

图 5-33　用印第安语取名的"和平的天堂"局部，设计师以打破常规的手法设计

十、美国国立树木园 (United States National Arboretum)

（一）简史

1927 年美国的"乔灌木研究和教育中心"这个组织，作过一个决议，准备建立一座"树木园"，一直到第二次世界大战结束后，才由农业部着手实现这个决议。地点选在华盛顿特区（D.C.）东北角一块 444 英亩（约 180 公顷）土地，地面稍有起伏，有少量水景，从种植常绿杜鹃和几十种美国产的树木即开始对外开放，不到半个世纪，如今已是园艺高水平和搜集丰富的世界闻名的树木园了。

（二）区划

全园按植物种类分为 10 区。

（1）杜鹃花区：开放游览之初，在园内称为 Hamilton 的小山上，种了 400 种杜鹃花，以后逐渐扩大搜集到 1900 种和品种，7 万多株。配上一些制造半荫的本国乔木，形成一处闻名的杜鹃谷。冬季可见一些红枝条的红瑞木（*Cornus alba*）很美。

（2）日本园区：在这 1 公顷的土地上，建了一个盆景展厅，其中放置历年日本赠送的盆景礼品，四周的布景全是按日本的传统安排的山石和水景，植物也是日产的樱花和槭属植物。

（3）盆栽和盆景博物馆区：这里展出高龄而矮化了的活植物，大部分是历年日美之间交往的礼品，如 200 多岁的日本赤松（*Pinus densiflora*），300 多岁的日本五针松（*P. parviflora*）和茶花品种“西谷”（‘Higu’）等，均十分名贵。还有一些在美国人工制造的盆景。旁边另有一区展出 30 盆中国式的盆景，无论造型的艺术性和种类都是上乘的精品，难得一见。如矮小的榆树、小叶榕、茶花等，均很别致。

（4）百草园区（又称有用植物区）：英语中的“Herb Garden”包括很广，凡是医疗、调味、染色、防虫、化妆、芳香等可用的草本植物均种在一起，这里按用途及高矮，分区种在砖砌的花坛中，有花架及座椅，供游人在此品赏。

（5）结纹园（Knot Garden）：是指用灰色、紫色或深绿色叶片的小灌木，按绳组状结纹图案人工修剪，种成规整式的花坛，用来作为花坛群的中心，别有一种能巧的趣味。这类结纹园盛行于欧洲 16 世纪，至今仍能在少数园林中出现。这里即有这类比较费工的能工巧匠的作品展览。

（6）古月季园（Old-Rose Garden）：由于月季的育种事业十分发达，新品种日新月异，大家定了一个默契，认为 1900 年以前流行的月季品种，一律属于“古（老）月季”取名 Old-rose，但其中也有些品种，例如 1867 年自欧洲引来的名品种‘法兰西’（‘La France’）系列，曾是维多利亚时代（1887-1901）的宠物，至今仍种在“古月季园”中供欣赏。

（7）松柏园与矮生松柏园（Conifer and Dwarf Conifer Garden）：一位建筑承包商 W.T.Gotelli，出于他个人喜好，在世界各地购得 1500 株矮生的松柏植物，在 1962 年他捐赠给这所国立树木园，其中有冷杉、雪松、桧柏、云杉、红豆杉（*Taxus*）、铁杉（*Tsuga*）等，十分引人入胜。树木园在这些生长不正常的矮生树木旁边，又开辟一片正常生长的松柏园，便于游人相互对照、比较，以增加科学知识。

（8）新的美国花园（New American Garden）：这是一块表现美国特色的景区。由两位倡导自然式园林运动的主要人物 W.Ohme 和 J.Von Sweden 二人设计。园中比较特别地种了常见与不常见的禾本科草类。另外将本国产的和国外引种的草花，混栽在一起，每种都成片种植，采取粗放地栽植和管理，用来引起游人回忆早年美国草原（Prairie）形象。例如形似多浆植物的丝兰（*Yucca*）和紫菀（*Aster*）混种在一起就很像草原景观了。

（9）蕨类园（Fern and Wild Flowers）：树木园东南部约四分之一的土地，大树丛翠但光线不足，这里生满蕨类植物，夹杂一些野花和野灌木，成为一块有趣的、野味的“蕨谷”，当中蜿蜒着一条半英里的小路，供游人在谷中散步。向南走还能见到 160 种耐湿的西伯利亚鸢尾（*Iris sibirica*），形成一片绚丽的花朵。

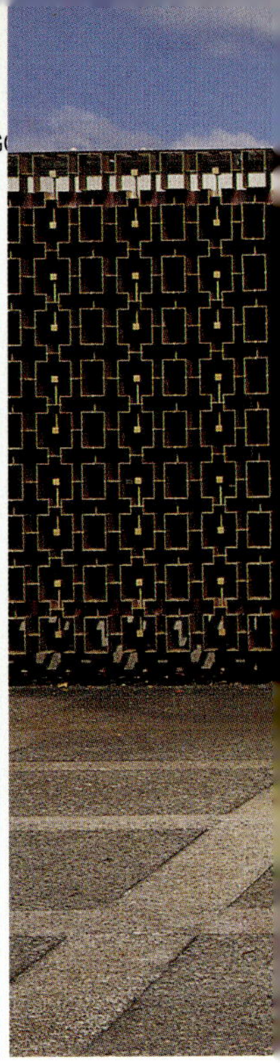

图 5-34　华盛顿国立树木园国际礼品园入口（上左）
图 5-35　华盛顿国立树木园礼品博物馆外日本盆景（上中）
图 5-36　华盛顿国立树木园有用植物区花架（上右）

图 5-37　华盛顿国立树木园有用植物区

图 5–38
华盛顿国立树木园专题研究火棘属（*Pyracantha*），其研究成果在入口墙上展示

图 5–39　华盛顿国立树木园大草地上设古代柱廊“科林斯”圆柱群装饰空间

（10）科林斯圆柱群区（Corinthian Columns）：在一块稍高的空地上竖起古罗马科林斯式的圆柱群，按当时卫星城的位置排列，旁边修了水池吸取倒影，很有怀古的趣味。

以上共 10 个景区的大致情况。此外该园还有收藏丰富的蜡叶标本馆、冬季可游的温室和图书馆，一年四季欢迎游人。难得一见的是随时展出科研成果，例如火棘属（*Pyracantha*）、栒子属（*Cotoneaster*）的研究和搜集，堪称世界之最了。

十一、英国皇家植物园——丘园（Royal Botanical Gardens，Kew）

举世闻名的英国丘园，是 1759 年首先在丘宫（Kew Palace）辟 3.5 公顷土地始建的一个小小植物园，由此而得名的。由于 Augusta 公主（威尔士公主）个人喜好搜集植物，以后逐渐扩大。1772 年公主去世，由 J.Banks 先生经管 50 年，正值近入维多利亚女王时代（1837–1901），又扩大并收归国有，趁英帝国殖民主义旺盛时期，掠夺世界植物资源异常便利，同时借三叶橡胶和金鸡纳树的推广致富，而使丘园一跃而居世界之首。

图 5–40 丘园 1848 年最早建成的棕榈室

图 5-41
丘园温带植物室，也在此展出南半球植物

图 5-42
丘园建中国式十层木宝塔可俯视全园

为进行有关植物的科学实验，1965 年丘园又辟一处 185 公顷的 Wakhurst 分园，不开放。为便于参观热带活植物，在开放的丘园范围内陆续增建了多座温室。最先是“棕榈室”(Palm House)，1848 年建成。以前为公主要吃伦敦产的柑橘，1761 年曾建了柑橘室，因光线不足而告失败。但棕榈室十分成功，棕榈科植物高大、生长快，热带植物备受欢迎。以后南半球难得一见的植物、高山植物、蕨类植物等，纷纷营建专室培养。所以丘园的园貌以温室数量多为特色。尤其在科技条件日新月异的情况下，最后在 1987 年建成开放的“威尔士公主温室”(又名钻石温室) 更是十分别致。这里按植物对温度、湿度、土壤等不同的生理、生态要求，将温室内分成许多不同的生长环境 (隔间)，里面适合种植世界各地的植物，建筑的外形并不宏伟壮观，但其中的植物却千奇百怪，很有科学的意义和价值。总起来从 16 世纪公主要吃伦敦产的柑橘，到如今，温室的总面积已达到 20390 平方米了，也充分展示了植物科学与建筑科学进步的里程。难怪说丘园最耐人寻味的是温室的参观。

图 5-43（左）
1987 年建成威尔士公主温室，栽种各种生态要求的植物

图 5-44（右）
丘园内岩石植物区

图 5–45　M.North 一生绘画展览室展出

沿着丘园南边的大路上，有一座绘画的展览室，里面陈列着 800 多幅植物和风景的油画，是一位名 M.North 女士在丘园工作一生的全部作品，琳琅满目，游人十分耐看。再向西走，远远就见到十层的木质中国宝塔，红色的栏杆和门窗，十足的中国风味，登塔可以俯瞰全园。

空地上都种满乔灌木，按英国植物分类专家 Hutchinson System（哈钦松系统）排列，每种株数不一。笔者要求看五小叶掌状分裂的杨树，但只一株已经失去不见了。号称活植物 5 万多种的丘园受露地气候的限制，室外可见的加上草本植物、岩石植物等不过 33000 多种。看过“禾草园”搜集禾本科草类 600 多种，感到一股浓郁的田园风光，十分有趣。

号称做到“三位一体”的丘园，是指活植物之外的大量干标本，世界各国的植物分类专家，不少集聚在这个称为“Herbarium”（标本馆）的地方，核对植物的名称，据说世界承认的模式标本（Standard Specimens）就有25万份之多，全部干标本有700万份，是世界之最。另有一“位”即植物学有关的图书馆，已搜集的图书、杂志达75万册，中文的农、林、园艺等有关植物的新老杂志这里全有，使中国的留学者十分称便。

丘园本来是不收费的，近年经济支绌也不得不在门口贴一张“大字报”，上面写“皇上来也得交1磅入内”很有趣。

后　记

“论”是对公园谈论一些逻辑性的道理，“说”是加以解释说明其中的主张。多年来接触公园，中外的公园情况略知大概，但内容多样，难以尽述。回到祖国的怀抱，总想快点赶上建设园景美好的国家，为社会主义城市增加光彩。前面写出的论点希望能被一些城市试验或参考纳入实践。例如“空地皆公园”的想法，“植物是公园的主角”的提法，是前人行之有效的经验，确实不是枉然空想。前面举出许多实例并附照片说明情况，目的也不过是希望读后能付诸实现，“试试看”也行，祝你成功。

近来有两个“燃点”，促使作者从速写点公园的文字：一个是我住在北京香山，这一带地区的空地上增添了许多好玩的运动器械，大人小孩纷纷来玩，甚至玉泉山西边的空地上建了一个篮球场，孩子们高兴极了。真的空地变公园了，值得宣传。另一个燃点是上个世纪后期在美国中西部大草原的北端明尼苏达州住了两年，正好在密西西比河分叉的圣保罗城附近，三个城市沿河建设，城内外很少见到公园的牌子，却到处像公园一样美的，空地到处是树木花草，绿茵如海。有这样的美景只由于动手早，认识到填补空白地的道理，现在果然不负这个远见。他们成功地美化了城市，改变了生态环境，满足了广大居民的渴望。这不是什么难事，这个设想我们一定也能够做到。

城市造公园有一个三角关系，即投资者、设计者与将来的广大游人。这三方面有极大的随意性、灵活性和变化性。为了休闲、健身或欣赏自然和人为的文化内涵，给予设计者宽广的思考和抒发的余地。既不讲规范又无公式，正如《园冶》中所谓的“精而合宜、巧而得体”“有法无式、因地制宜”。所造之园必然将人为之美形似天然。设计者不受拘牵，游人更无由选择，投资者操控目的性如何适应来游者，及操持耗资的水平等稍为高远的瞩目。三者微妙地结合一定可以预见，尤其公园多了，交通方便的情况下，游人可以按电视或报纸上的信息任意选择。

谈“风格”，西方人认为只有中国和埃及说得上“风格”的原创者，可是我们自己并不以为是“自成一格”。奉为经典的《园冶》也非常谦逊地认为造园“有法无式”“随宜合用”即可。可见“中国风格”并不具备条条框框，真正的老师是自然山水，像四川的青城山、安徽的黄山，谁能造得出来？“宛自天开”是在平地上“虽由人作”，但也并不容易完美。本书多次向设计师提出该注意的事项，也是为“人作”提出一点帮助。画“设计图”或有立体感的“效果图”距照图施工后的景观还远得很，过十年，树木高大了再来看，设计师的意图可能多少显出来了。新建的园子简直看不出美在哪里。更谈不上什么风格了。许多园林设计的书上大谈风格，甚至认为动手设计之先，就要定下选用的风格，还特别用了“Styling”这个不常用的字。其实选用什么风格的举措，无疑是把园林的艺术性先套上一条索链，限制了发挥，不必自己“画地为牢”了。切记“风格”留给后人去评论。我们造公园是想用美丽的风景把人们从房子里拽出来，做各种室外活动，到大自然中去活动活动。所以要学习自然，提炼自然，提高自然，吸引大家奔向自然。这点心意献给读者希能起点作用，并祈不吝赐教。